科技文书写作

郭晓蓓◎编著

电子工业出版社
Publishing House of Electronics Industry
北京·BEIJING

内 容 简 介

科技文书在交流和传播科学文化知识、推动科技事业发展方面有着不可替代的作用，因此，科技文书写作是科技工作的重要组成部分。根据科技工作的实际需要，本书系统、全面地介绍了科技报告类、技术合同类、科技管理类、科技说明类、科技情报类、知识产权类这6类科技文书。另外，书中对41种经济文书的格式写法及写作注意事项做了详细说明，并提供了相关范文以供参考，这样可以让读者更容易掌握科技文书的写作理论、方法和技巧。本书内容丰富，结构合理，语言通俗易懂，是一本有益于科技工作者、科技管理工作者的参考书。

未经许可，不得以任何方式复制或抄袭本书之部分或全部内容。
版权所有，侵权必究。

图书在版编目（CIP）数据

科技文书写作 / 郭晓蓓编著. —北京：电子工业出版社，2021.6
ISBN 978-7-121-40969-1

Ⅰ.①科… Ⅱ.①郭… Ⅲ.①科学技术－应用文－写作 Ⅳ.①G301②H152.3

中国版本图书馆CIP数据核字（2021）第066571号

责任编辑：张　毅
印　　刷：三河市鑫金马印装有限公司
装　　订：三河市鑫金马印装有限公司
出版发行：电子工业出版社
　　　　　北京市海淀区万寿路173信箱　邮编：100036
开　　本：720×1000　1/16　印张：13.25　字数：217千字
版　　次：2021年6月第1版
印　　次：2021年6月第1次印刷
定　　价：49.80元

凡所购买电子工业出版社图书有缺损问题，请向购买书店调换。若书店售缺，请与本社发行部联系，联系及邮购电话：（010）88254888，88258888。
质量投诉请发邮件至zlts@phei.com.cn，盗版侵权举报请发邮件至dbqq@phei.com.cn。
本书咨询联系方式：（010）57565890，meidipub@phei.com.cn。

前　言

在知识经济时代，科技迅猛发展，科技创新层出不穷。伴随着科技的发展，在科学研究和科技管理工作中产生了各种各样的科技文书，比如，科学研究开始时所需的科研开题报告，科学研究进行过程中出现的科研进度报告，反映科学研究成果的科研成果报告，申请知识产权保护的专利请求书……

科技文书是科技工作者在日常科技事务和科研活动中交流信息、处理日常事务、解决具体问题时经常使用的，具有一定规范格式和特定读者对象的应用文体。

科技文书是记录、总结、描述、反映、交流、传播、普及科技成果的必要手段，是将科技转化为生产力的主要媒介，是反映科技活动、传播科学知识的最简便、最适用的载体和工具，是联系科技工作者与交流者的桥梁。对于广大科技工作者来说，要在科学研究上有所收获、在科学理论上有所建树、在科技实践上有所成就，必须学会写好相应的科技文书，熟练掌握科技文书的写作知识和写作方法。

科技文书写作要求作者具备较强的专业能力，所以，作者只有系统地学习和掌握各种类型科技文书的写作格式、写作技巧，才能提高科技文书写作水平，写出结构严谨、格式规范、语言准确的科技文书，从而更好地完成科技工作。那么对于初学者来说，学习已有的、无数人在长期实践中总结出来的应用写作知识，也就显得尤为重要。基于此，我们编写了本书。

根据科技工作的实际需要，本书系统、全面地介绍了科技报告类、技术合同类、科技管理类、科技说明类、科技情报类、知识产权类这6类科技文书。另外，书中对41种经济文书的格式写法及写作注意事项做了详细说明，并提供了相关范文以供参考，这样可以让读者更容易掌握科技文书的写作理论、方法和技巧。本书内容丰富，结构合理，语言通俗易懂，是一本有益于科技工作者、科技管理工作者的参考书。

囿于笔者能力有限，本书难免会有疏漏之处，敬请同行专家及广大读者不吝指正。

编者

目 录

第1章 科技文书写作概述

1.1 科技文书概述 ·· 2
   1.1.1 科技文书的类型 ·· 2
   1.1.2 科技文书的特点 ·· 3
1.2 科技文书的主题 ·· 5
   1.2.1 主题表达的要求 ·· 6
   1.2.2 主题表达的方法 ·· 7
1.3 科技文书的材料 ·· 8
   1.3.1 收集材料的途径和方法 ·· 8
   1.3.2 筛选材料的原则 ·· 9
1.4 科技文书的结构 ·· 10
   1.4.1 结构安排的原则 ·· 10
   1.4.2 文面结构的类型 ·· 11
   1.4.3 层次和段落 ·· 13
   1.4.4 过渡和照应 ·· 14
   1.4.5 开头、主体和结尾 ·· 15
1.5 科技文书的表达 ·· 15
   1.5.1 合理使用表达方式 ·· 15
   1.5.2 正确运用语言 ·· 16
1.6 科技文书的写作细节 ··· 19
   1.6.1 量和单位的使用规范 ··· 19

1.6.2 数字的使用规范 20
1.6.3 分层序号的使用规范 21
1.6.4 插图和表格的使用规范 22

第2章 科技报告类文书

2.1 科技报告类文书概述 23
  2.1.1 科技报告类文书的作用 24
  2.1.2 科技报告类文书的分类 24
  2.1.3 科技报告类文书的特点 24
2.2 科研项目可行性研究报告 26
  2.2.1 格式写法 26
  2.2.2 写作注意事项 27
  2.2.3 范文模板 29
2.3 科技研究报告 32
  2.3.1 格式写法 33
  2.3.2 写作注意事项 34
  2.3.3 范文模板 35
2.4 科研开题报告 36
  2.4.1 格式写法 37
  2.4.2 写作注意事项 38
  2.4.3 范文模板 38
2.5 科技考察报告 40
  2.5.1 格式写法 40
  2.5.2 写作注意事项 42
  2.5.3 范文模板 42
2.6 科研进度报告 44
  2.6.1 格式写法 44
  2.6.2 写作注意事项 45
  2.6.3 范文模板 45

2.7 科技建议报告 ... 46
2.7.1 格式写法 ... 47
2.7.2 写作注意事项 ... 47
2.7.3 范文模板 ... 48

2.8 科技实验报告 ... 49
2.8.1 格式写法 ... 50
2.8.2 写作注意事项 ... 52
2.8.3 范文模板 ... 53

2.9 科技试验报告 ... 54
2.9.1 格式写法 ... 54
2.9.2 写作注意事项 ... 54
2.9.3 范文模板 ... 54

2.10 科研成果报告 ... 56
2.10.1 格式写法 ... 57
2.10.2 写作注意事项 ... 57
2.10.3 范文模板 ... 58

2.11 科技调查报告 ... 58
2.11.1 格式写法 ... 60
2.11.2 写作注意事项 ... 61
2.11.3 范文模板 ... 61

2.12 科技预测报告 ... 62
2.12.1 格式写法 ... 63
2.12.2 写作注意事项 ... 63
2.12.3 范文模板 ... 64

第3章 技术合同类文书

3.1 技术开发合同 ... 67
3.1.1 格式写法 ... 68
3.1.2 写作注意事项 ... 69

3.1.3 范文模板 …… 69
3.2 技术转让合同 …… 72
　3.2.1 格式写法 …… 72
　3.2.2 写作注意事项 …… 73
　3.2.3 范文模板 …… 73
3.3 技术咨询合同 …… 75
　3.3.1 格式写法 …… 75
　3.3.2 写作注意事项 …… 76
　3.3.3 范文模板 …… 76
3.4 技术服务合同 …… 78
　3.4.1 格式写法 …… 78
　3.4.2 写作注意事项 …… 79
　3.4.3 范文模板 …… 79
3.5 科技协定 …… 82
　3.5.1 格式写法 …… 82
　3.5.2 写作注意事项 …… 83
　3.5.3 范文模板 …… 83
3.6 科技协议 …… 85
　3.6.1 格式写法 …… 85
　3.6.2 写作注意事项 …… 86
　3.6.3 范文模板 …… 86

第4章　科技管理类文书

4.1 科技计划 …… 89
　4.1.1 格式写法 …… 90
　4.1.2 写作注意事项 …… 91
　4.1.3 范文模板 …… 91
4.2 科技总结 …… 92
　4.2.1 格式写法 …… 93

4.2.2 写作注意事项·····94
　　4.2.3 范文模板·····95
4.3 科技简报·····96
　　4.3.1 格式写法·····96
　　4.3.2 写作注意事项·····98
　　4.3.3 范文模板·····99
4.4 科技会议纪要·····100
　　4.4.1 格式写法·····101
　　4.4.2 写作注意事项·····102
　　4.4.3 范文模板·····103
4.5 科研计划任务书·····105
　　4.5.1 格式写法·····105
　　4.5.2 写作注意事项·····106
　　4.5.3 范文模板·····107
4.6 学术演讲稿·····114
　　4.6.1 格式写法·····115
　　4.6.2 写作注意事项·····116
　　4.6.3 范文模板·····116

第5章　科技说明类文书

5.1 产品使用说明书·····117
　　5.1.1 格式写法·····118
　　5.1.2 写作注意事项·····119
　　5.1.3 范文模板·····119
5.2 产品设计说明书·····121
　　5.2.1 格式写法·····121
　　5.2.2 写作注意事项·····122
　　5.2.3 范文模板·····122

- 5.3 工程设计说明书 124
  - 5.3.1 格式写法 124
  - 5.3.2 写作注意事项 125
  - 5.3.3 范文模板 125
- 5.4 毕业设计说明书 126
  - 5.4.1 格式写法 126
  - 5.4.2 写作注意事项 129
  - 5.4.3 范文模板 129
- 5.5 科普说明文 130
  - 5.5.1 格式写法 131
  - 5.5.2 写作注意事项 132
  - 5.5.3 范文模板 132

第6章 科技情报类文书

- 6.1 科技消息 135
  - 6.1.1 格式写法 136
  - 6.1.2 写作注意事项 139
  - 6.1.3 范文模板 139
- 6.2 科技通讯 140
  - 6.2.1 格式写法 141
  - 6.2.2 写作注意事项 142
  - 6.2.3 范文模板 142
- 6.3 科技动态 144
  - 6.3.1 格式写法 145
  - 6.3.2 写作注意事项 145
  - 6.3.3 范文模板 146
- 6.4 科技信息 147
  - 6.4.1 格式写法 148
  - 6.4.2 写作注意事项 149

        6.4.3　范文模板···················149
    6.5　科技文摘························150
        6.5.1　格式写法···················151
        6.5.2　写作注意事项···············152
        6.5.3　范文模板···················153
    6.6　科技综述························153
        6.6.1　格式写法···················154
        6.6.2　写作注意事项···············156
        6.6.3　范文模板···················156
    6.7　科技述评························158
        6.7.1　格式写法···················159
        6.7.2　写作注意事项···············160
        6.7.3　范文模板···················160
    6.8　科学广播稿······················163
        6.8.1　格式写法···················163
        6.8.2　写作注意事项···············163
        6.8.3　范文模板···················164

第7章　知识产权类文书

    7.1　专利请求书······················169
        7.1.1　格式写法···················170
        7.1.2　写作注意事项···············170
        7.1.3　范文模板···················171
    7.2　说明书··························187
        7.2.1　格式写法···················187
        7.2.2　写作注意事项···············189
        7.2.3　范文模板···················189
    7.3　权利要求书······················190
        7.3.1　格式写法···················191

XII 科技文书写作

  7.3.2 写作注意事项……………………………………………………192
  7.3.3 范文模板………………………………………………………192
 7.4 说明书摘要…………………………………………………………193
  7.4.1 格式写法………………………………………………………193
  7.4.2 写作注意事项……………………………………………………193
  7.4.3 范文模板………………………………………………………194
 7.5 专利权无效宣告请求书……………………………………………194
  7.5.1 格式写法………………………………………………………194
  7.5.2 写作注意事项……………………………………………………195
  7.5.3 范文模板………………………………………………………195

第1章 科技文书写作概述

不论是从事科学研究工作，还是从事科技管理工作，都需要用到科技文书。科技文书是记录、总结、描述、反映、交流、传播、普及科技成果的必要手段，是将科技转化为生产力的主要媒介，是联系科技工作者与交流者的桥梁。

科技文书写作是科技工作的重要组成部分。科技文书产生于科学研究、科技实践中，是随着科技的发展，为适应交流科技信息、处理科技事务的需要而发展起来的，因此科技文书写作离不开科学研究、科技实践。比如，在撰写一篇学术论文时，论文题目的确定取决于研究课题的选择；论文内容的形成取决于科技成果的取得；再如，一份合格的科技计划必须是依据科技工作或科技活动的具体内容、要求等撰写的。

科技文书写作能力是科技工作者必须具备的一项基本能力。对于广大科技工作者来说，要在科学研究上有所收获、在科学理论上有所建树、在科技实践上有所成就，必须学会写好相应的科技文书，熟练掌握科技文书的写作知识和写作方法。例如，大部分科学研究的最终成果通常是通过科研成果报告来进行描述和反映的，如果在科研上获得了创造性的成果，但不能将它写成科研成果报告，其结果是可想而知的。

可见，对科技文书写作能力的掌握是科技工作者卓有成效地完成本职工作的重要条件。

1.1 科技文书概述

在知识经济时代，科技迅猛发展，科技创新层出不穷。伴随着科技的发展，在科学研究和科技管理工作中产生了各种各样的科技文书，比如，科学研究开始时所需的科研开题报告，科学研究进行过程中出现的科研进度报告，反映科学研究成果的科研成果报告，申请知识产权保护的专利请求书……

科技文书是科技工作者在日常科技事务和科研活动中交流信息、处理日常事务、解决具体问题时经常使用的，具有一定规范格式和特定读者对象的应用文体。具体地说，科技文书是根据党和国家一定时期的路线、方针、任务以及与科技相关的政策、法律法规，以日常科技事务和科研活动为表达对象，以书面语言（包括插图、表格、公式、数据、符号等）为表达手段，对科技领域的各种现象、活动及成果进行记录、总结、描述、反映、交流、传播、普及，用于及时沟通科技信息和处理科技领域里的各种事务，具有一定规范格式的应用文体。

尽管随着时代的发展，文章已经不是科技信息的唯一载体，但没人能否认，它依然是各种载体中最重要的一种。毫不夸张地说，科技文书是记录、总结、描述、反映、交流、传播、普及科技成果的必要手段，是将科技转化为生产力的重要媒介，是反映科技活动、传播科学知识的最简便、最适用的载体和工具，是联系科技工作者与交流者的桥梁。

总之，科技文书在交流和传播科学文化知识、推动科技事业发展方面有着不可替代的作用。

1.1.1 科技文书的类型

科技是一个十分复杂的领域，根据这个领域的不同内容和要求，可将科技文书分为各种不同的类型。

根据科学技术所涉及的学科和专业领域的不同，可将科技文书分为数学文书、化学文书、物理文书、农用文书、医用文书、工程技术文书、人文社会科学文书等。

根据科技文书的性质、内容、使用范围及写作特点的不同，大致可将其分为科技报告类文书、技术合同类文书、科技管理类文书、科技说明类文书、科技情报类文书、知识产权类文书等。

1.1.2 科技文书的特点

由于写作的目的、对象、内容不同，科技文书在表现形式和表述方式上有着自己的特点。科技文书具有科学性、实用性、规范性、多样性、专业性、严谨性、时效性等特点。

1. 科学性

我们知道，科技文书与科技工作相关，而科技工作本身具有严密的科学性，所以科技文书必然也具有严密的科学性。科学性是科技文书的本质特征，是判断科技文书质量的一个主要标准。

科技文书的科学性主要表现在以下几个方面：

（1）指导思想、科研方法和科研态度的科学性。科技文书写作要在指导思想、科研方法和科研态度上保持科学性，要深入调查，实事求是，从客观实际出发，运用科学的方法，反对科学上的不诚实态度。

（2）内容的科学性。科技文书主要用来记录、描述、反映、传播自然科学、社会科学方面的信息，揭示客观事物的规律、本质，反映和解决科技工作中的情况和问题，因此，科技文书的内容必须真实、正确、可靠、可行。

（3）表达的科学性。所谓表达的科学性，即根据科学研究中具备科学性的事实内容进行科技文书的写作，实事求是，不可虚构情节，甚至剽窃、抄袭，在结构上应该具有严密的逻辑性和层次的不可变易性。

需要强调的一点是，这里的"科学性"不能理解为"没有任何错误"，因为在与科学有关的问题中不允许有任何错误不但是不可能的，也是违背认识规律的。比如，在撰写科技报告类文书时，并不要求文章中的每一点都必须是正确的，因为科学理论的发展多是从假说开始的，有假说，也就必然会出现与客观规律不一致的地方、出现认识方面的错误，这就需要在实践中加以验证、修正；再如，在撰写科技说明类文书的过程中也不可能不出现一点儿问题，有的产品设计就是在原有产品设计的基础上改进的，因为这样有助于使所设计的产品越来越符合消费者的实际需要。

2. 实用性

科技文书的实用性主要表现在以下几个方面：

（1）科技文书具有很强的目的性，比如，撰写科研计划任务书的目的是向上级申报科研课题并获得批准，撰写专利请求书的目的是使自己的某项科研成果或专利获得法律保护。

（2）科技文书针对的是具体问题，这一方面体现了科技文书鲜明的实用性。科技文书与现实的科技发展有着紧密的联系，是记录科技发展、描述产品更新换代、交流科技信息的重要工具。

3. 规范性

在长期的写作实践中，每类科技文书已形成了各自独有的写作规范。

（1）科技文书的结构规范。科技文书在结构上普遍具有较强的规范性，即根据客观事物、事理本身的特点来安排文章的结构。在安排文章结构时可用到的具体方法包括：由总到分；由分到总；由因到果；由近及远；由表及里；由浅入深；由此及彼；由共同点到不同点；等等。

（2）科技文书的格式规范。像专利请求书、专利权无效宣告请求书等被有关部门规定了统一的格式，有些甚至被以法律、条例的形式规定了格式或主要内容。科技文书格式的规范使科技工作者能清晰地分辨不同的文种，便于其阅读、写作、承办、归档科技文书；同时，它也给科技工作者处理科技事务带来了方便，有助于其提高工作效率。

4. 多样性

科学研究、技术发明、技术推广、项目管理、学术交流、动态报道、知识普及、科技教育……科技活动是多种多样的。每种科技活动都会用到相应场景的科技文书，而每个场景对科技文书的内容和样式也都有一定的要求，这就导致了科技文书的多样性。

5. 专业性

科技文书是对科技活动的反映，而科技活动是围绕科技领域中的相关课题进行的，专业性很强。

科技文书的专业性主要表现在以下几个方面：

（1）思想内容的专业性。科技文书能够反映科技领域中某一学科或专业范围里的科技活动及其成果，所以科技文书在思想内容上具有专业性。

（2）写作主体的专业性。科技文书的作者通常为科技工作者，而非专业人员一般不能撰写科技文书。即使与科技相关的日常管理方面的事务文书，其作者也应当了解和熟悉相关方面的专业知识。

（3）语言表述的专业性。科学概念、科技术语、科技专用词汇等都是科技文书的专用语言，这些语言往往用简洁的形式表达丰富的科技知识，反映科技成果，具有高度的概括性和专业性。

6. 严谨性

科技文书的严谨性表现为：用语准确，即在陈述概念时经常采用定义的形式，严格界定概念的内涵，用分类的方式界定其外延；结构合理，即结构具有逻辑性、系统性；方法科学，即借助事实，用科学的方法论证观点；材料真实，即材料多是通过调研、统计、实验等方式获得的，在一定程度上可以用同样的方式使过程重复出现，起到论证观点的作用；表达准确，即不得随意地表述观点和研究成果，必须使用专业的术语，这样才不会引起歧义。

7. 时效性

科技文书的主要任务是及时反映、介绍最新科技成果，传播新的科技信息，推动科技发展，因此，对科技方面的新成果、新信息要在最短的时间内向有关方面迅速反映、及时报道，以便使特定的读者及时了解新的科技动态。比如，有些专利请求书有较强的时限要求，这就要求作者在规定的时间内完成写作。

1.2 科技文书的主题

科技文书作为专用文书的一种，在写作上首先要遵守文书写作的一般要求，严格按照文书格式方面的统一规定进行写作。

认真构思是写作科技文书的第一步。所谓构思，即作者在酝酿科技文书过程中特定的思维活动，一般包括确定文体、明确主题、选择材料，以及确定表达方式等过程。

科技文书的构思要针对文章整体进行设计和安排，展开积极的思维活动，多方求证，仔细斟酌。科技文书的构思通常有打腹稿、列提纲两种方式：打腹稿是指将文章的主旨、材料、结构段落、笔调手法甚至细节都想好，在脑子中勾勒出一个大致的轮廓，而后下笔成文；列提纲可以采用图表式，也可以采用条文式，比较重要的文章，还需要对提纲进行反复的讨论，不断修改，不断完善。

在科技文书的构思阶段，首先，明确写作意图，即读者对象是谁，写这篇文章想达到什么目的，传播什么信息。然后，根据写作意图选择适当的文体。最后，确定主题、材料、结构、表达方式，以及语言运用，这些是科技文书写作的关键所在。

主题，即一篇文章要表达的中心思想。科技文书的主题，是作者对大量科技事实、科技信息加以研究的产物，是科研成果和作者观点的集中体现。主题一旦形成，就成为文章的"灵魂"，统摄材料、结构、表达方式等要素，即主题决定着材料的取舍、支配着谋篇布局、制约着表达方式的选择。偏离了主题，文章就失去了安排、遣用其他要素的依据。在一篇文章中，能够统领上下文的唯有主题，它是一个全局性的东西。

1.2.1 主题表达的要求

一般来说，科技文书在表达主题时必须正确、鲜明、集中、新颖。

1. 正确

正确是科技文书主题表达的基本要求。那么，如何满足这一要求呢？首先，科技文书的主题要符合党和国家的方针政策、法律法规；其次，如果是通用公文，其主题要符合行文单位的领导意图；最后，科技文书的主题要符合客观实际，经得起实际工作的检验。

2. 鲜明

所谓鲜明，即科技文书的主题要直接反映作者的学术观点，即赞成什么、反对什么、提出了什么理论、驳斥了什么意见、体现了什么新思维，都要毫不含糊地表达出来。这就要求作者在动笔前，要提炼出一个鲜明的主题，切不可想到哪儿写到哪儿，胡乱堆砌材料。

3. 集中

在写作科技文书时要重点突出，一文一中心，不可一文多中心。换句话说，科技文书的主题要单一、凝聚，一篇文章只能有一个主题，再长的文章也只能有一个基本观点，当然，这个基本观点可以分为若干个小观点，但不管怎样，都要围绕着一个基本观点去展开。不要在一篇文章中阐明多个主题，这样反而讲不清楚问题。如果要说明的问题较多，可以对其进行分类，从中挑一个进行重点论述。

4. 新颖

所谓新颖，即科技文书主题反映的观点要见解独到。一篇有含金量的科技文书，不但要给人以启发与思考，还要研究别人没有研究过的问题，解决别人没有解决的难题，提出别人没有提出的见解，采用别人没有采用的方法。

通常情况下，我们可以采用以下三种途径确立主题：

（1）根据科学研究的结论或者科技实验的结果确立主题，这是最便捷的途径。

（2）根据社会需求确立主题，这里的需求包括科技自身发展的需求。

（3）通过分析信息资料确立主题，即当有一些研究课题无法直接从实践中获得实证性的结果时，可以采用此种途径来确立主题。

1.2.2　主题表达的方法

科技文书在表达主题时主要采用标题点题、开门见山、篇末点题、一线贯通这四种方法。

1. 标题点题

所谓标题点题，即由标题直接点明文章的主题，使人一目了然。标题是主题的一种表现形式，能起到标示、概括、加强主题的作用。

在采用"标题点题"这种方法时，应遵循以下几点要求：其一，标题要揭示所讨论问题的本质，也就是说，标题要能准确地表述文章的中心内容，恰当地反映研究的范围及其达到的程度；其二，标题要简洁、切题，要用尽可能少的文字表达文章的主题；其三，标题中语言修辞要符合逻辑关系，要文对题、词达意；其四，标题要使用明确的词汇，不能使用笼统的、泛指性很强的词汇，避免造成文章主题表达不清。

2. 开门见山

所谓开门见山，即在正文开始就点明主题，不做铺垫。此种方法有两种形式：其一，在科技文书和其他应用文书中，正文开头用明白、准确的句子表达主题，通知、通报、通告、报告、意见及规章类文书等常用此法；其

二、在科技文书的开头，直接阐述文章的意义、主张或基本观点。

3. 篇末点题

所谓篇末点题，即在文章结尾点明主题，阐明结论性的意见。

4. 一线贯通

所谓一线贯通，即主题贯穿在全文的各个部分。在运用这种方法时，必须注意各个部分要体现合理的逻辑关系。

1.3 科技文书的材料

材料是科技文书写作的基础，是用来表现主题、构成文章内容的基本要素；同时，材料也是科技文书的"血肉"，使文章言之有物。

科技文书的材料，是作者通过科学研究、科学实践、查阅科技文献及其他途径，获得的一系列事实、数据及说明这些事实、数据的理论性的文献资料。

在科技文书写作中，充分运用收集到的材料，并筛选好材料，以恰当的实例来说明自己的观点，就能使文章内容有较强的说服力，也就能反映事物内在联系及其特有的发展规律。因此，收集好、筛选好材料是科技文书写作中的重要工作。

1.3.1 收集材料的途径和方法

俗话说："巧妇难为无米之炊。"没有材料，科技文书写作就成了无本之木、无源之水，也就是说，只有收集了充分的材料，才能写好科技文书。所以，在正式开始写作科技文书之前，需要收集相应的材料，并分类整理。那么，我们可以通过哪些途径和方法收集材料？

1. 收集材料的途径

科技文书写作的材料一般有直接材料与间接材料之分：直接材料主要是指作者亲自参与科研活动，并经过实验或调查获得的材料；间接材料是指作者从一些文献中引用的他人提供的材料。这两类材料对科技文书的写作都非常重要。

收集直接材料的途径主要包括：在实验中获得；通过调查获得；通过观察实物、图片、录像、实验记录等获得。想要获得重要的直接材料，要有一定的探索精神，要能深入第一线，多动手、动脑，尽力去独立解决问题；另外，也要认真验证研究结果，并做完整的记录。直接材料是最珍贵的材料，具有重要的科研价值。

收集间接材料的途径主要是收集科技文献。科技文献是指记录科技内容的、具有一定研究价值的书面材料。据统计，世界上多数科技工作者，他们用于收集与阅读科技文献的时间，要占去其全部工作时间的三分之一左右，因为无论是在研究一个课题之前，还是在研究过程中，他们必须查阅、收集相关的材料。

只有收集了充分的材料，才能摸清研究的方向，从而在写文章时打开思路。另外，要有目的、有针对性地收集材料，不要盲目地收集材料，否则，不仅会影响科技实践的顺利进行，而且会让作者在写作科技文书时茫然无措，无从下手。

2. 收集材料的方法

收集材料的方法主要有观察法、调查法、实验法和文献检索法，其中，前三种为直接材料的收集方法，后一种为间接材料的收集方法。

（1）观察法，即有目的、有计划地利用研究者的感觉器官去观察研究对象的各种现象，认识其运动、变化的规律，以此获取所需材料的方法。在运用这种方法时，只有对客观事物进行细致的观察，才能有深入的体会。

（2）调查法，即通过调查手段开展研究，以此获取所需材料的方法。这种方法一般通过开座谈会、个别交谈的方式获取材料。

（3）实验法，即通过开展实验研究、观测实验结果等获取所需材料的方法。

（4）文献检索法，即通过查阅报刊、文件、档案、图书等获取所需材料的方法。

1.3.2 筛选材料的原则

科技文书的选材，要在广泛收集材料的基础上进行严格的筛选，以使文章简洁、精练、主题明确。筛选材料，即根据文章的主题确定材料的取舍，选取真实的、典型的、反映事实本质的、最具代表性和说服力的材料。

在筛选材料时应注意以下几点：

（1）在筛选材料时，要根据自己的写作需要，选择那些具有代表性、权威性的材料，舍弃那些与文章内容关系不大的材料。只有用具有代表性、权威性的材料写成的科技文书，才有分量，才有说服力。

（2）在筛选材料时，要选择那些准确、真实、新颖的材料，任何不准确、不真实、陈旧的材料，都会使观点失去可靠性和可信度。为了保证材料新颖，作者需要做到以下两点：其一，要尽量选取最新材料，即新近发生的、别人未曾使用过的、鲜为人知的材料，如新的方针政策、新的统计数据、新成果和新发现的问题等；其二，通过最新的角度，反映最新的思路和创新的意识。

（3）在筛选材料时，要注意在深度和广度上下功夫，收集完整、系统的材料，只有如此，才能从材料中提炼出深刻的主题、独到的见解、创新的思想。

1.4　科技文书的结构

结构是指文章各个组成部分的总体布局与全部材料的安排，体现文章的脉络层次和发展顺序。它既是全文的框架，也是表达主题的手段；既指宏观上的总体构思，也指微观上的层次、段落的划分，过渡、照应的设计，开头、主体、结尾的安排，以及主次、详略的取舍等。

如果说主题是文章的"灵魂"，材料是文章的"血肉"，那么结构就是文章的"骨骼"。因此，在科技文书写作中，主题解决"言之有理"的问题，材料解决"言之有物"的问题，结构解决"言之有序"的问题。

1.4.1　结构安排的原则

由于主题表达的需要，科技文书的结构应当十分严谨，因此，对科技文书结构的安排既不能墨守成规、呆滞死板，也不能随心所欲、胡编乱造，它是有一定规律和要求的。

在安排科技文书的结构时应遵循以下四个方面的原则：

（1）科技文书的结构安排要正确反映客观事物的发展规律和内在联系。我们可以通过一个具体的例子来学习一下这一原则。中国作家协会曾组织北京的一批作家参观景泰蓝的制作过程，其中就包括叶圣陶先生，叶先生参观完后写了一篇科技说明文——《景泰蓝的制作》。叶先生是如何安排这篇文章的结构的呢？他按照景泰蓝这种工艺品制作过程的先后顺序（制胎→掐丝→点蓝→烧蓝→打磨→镀金）来安排这篇文章的结构。在写作科技文书时，对文章结构的安排必须在遵循客观事物自身的发展规律及其内部构造的前提下进行。

（2）科技文书的结构安排要有利于表达主题和易于读者理解。在安排科技文书的结构时，如何确定层次、如何划分段落、如何过渡、如何照应、如何写开头和结尾等，都要从有利于表达主题的角度去谋划。结构与主题的关系和影响是双向的：从根本上说结构受主题的制约；但反过来，结构的变化也能影响主题的表达。

（3）科技文书的结构安排要体现不同文体的特点，适应体裁，灵活多样。在长时间的写作实践中，科技文书形成了既定的格式，但这只是一个大概的框架，在具体文章中，仍可以进行谋篇布局。所以，在动笔之前，作者需要根据特定的目的与具体的内容，巧妙构思，合理安排，以使结构合理。根据文体或文章长短的不同，作者在结构方面也应做相应的调整。

（4）科技文书的结构安排要简练、完整、严谨、自然。所谓简练，即文章在结构安排上既可以选择单线推进，也可以选择横向平列，但无论采用哪种结构形式，行文总体上都应该是简练的；所谓完整，即文章的各重要组成部分不能有缺漏，应该有头有尾，首尾圆合，通篇一体；所谓严谨，即文章总体上要前后呼应，上下文环环相扣，具有严密的逻辑关系；所谓自然，即文章结构布局要顺理成章，层层衔接，文章中没有断层和阻隔，行止自如，不牵强拼凑，没有太多斧凿的痕迹。

1.4.2　文面结构的类型

科技文书的文面结构，是指科技文书的文章结构在外部形态上所表现出的形式。科技文书的文面结构大体上分为表格式、篇段合一式、三段式、条文式、贯通式、总分条文式、分部式等类型。

1. 表格式

表格式，即将某种文书应具备的各种内容、项目事先设计好，制成统一的表格，方便相关人员填写的一种文面结构。表格式文书具有内容完备、格式规范、简单明了、易于填写的特点，往往在相关单位办理重要审批事项时被广泛应用，如知识产权类的部分文书一般属于表格式文书。

2. 篇段合一式

篇段合一式，即将文书内容融合在一个完整的自然段内的一种文面结构。这种文面结构适用于内容单一、篇幅简短的科技文书。

3. 三段式

三段式是一种比较规范的文面结构。从内部逻辑来看，三段式文书一般按写作目的或缘由、行文事项、结语将正文分为三个层次。

4. 条文式

条文式，即把有关内容进行归类，然后分条列项地将其加以陈述说明的一种文面结构。条文式文书的正文常常是第一条即开头，最后一条即结尾，干净利索，避免了拖泥带水和空泛说明。典型的条文式科技文书包括各种科技合同、科技规章、科技法规等。

5. 贯通式

贯通式，即围绕文章主题，按时间顺序、事情发展顺序、对事理的认识顺序，抓住主要线索，逐层分析，比较完整地说明一件事情、一项工作、一个道理的一种文面结构。贯通式文书不分条文，不用小标题，前后贯通，按照自然段安排层次。这种文面结构适用于内容比较单一的以叙述或者说明为主的科技文书。

6. 总分条文式

总分条文式是科技文书中用得较多的一种文面结构。总分条文式科技文书一般在文章开头部分先概括情况，或者说明写作的目的、依据、原因，或者阐明主题，并摆出结论。接着，分条阐述有关内容，这些内容包括事物的某些方面、围绕文章主题的问题等。

7. 分部式

分部式文书一般把文章分成几个部分，为了凸显层次，每个部分可用小标题或序号列出。科技文书中容量较大、层次清晰、头绪分明、内容较多的文种常用这种文面结构。

1.4.3 层次和段落

层次和段落的划分是科技文书结构安排的核心内容。

1. 科技文书的层次划分

层次是文章内容上相对完整的意义单位，着眼于思想内容的划分。它是用来表现文章内容展开的逻辑顺序和作者思路的结构单位，从整体上确定了全文的逻辑关系，所以也叫"意义段""逻辑段"。层次如果划分合理，文章内容就会脉络分明、气势贯通。

在写作科技文书的过程中，作者一般会按时间的先后顺序、空间方位的变化、事物的性质、事理之间的逻辑关系来划分层次。比如，在描述实验的步骤或流程、农作物的生长、事态的变化、事物的发生和发展等情况时，大都按时间的先后顺序安排文章的层次；在描述建筑的布局、机器的结构、疫病的蔓延等情况时，大都按空间方位的变化（由前到后、由上到下、由外到内、由近及远等）来安排文章的层次；在叙述事物的种类、特征、功能、原因等情况时，大都按事物的性质分门别类地划分层次，在这种情况下，各层次之间一般为并列关系，并围绕主题逐一展开；在阐发事理时，大都按事理之间的逻辑关系（从现象到本质，从实践到理论，从感性到理性等）来划分层次等。

2. 科技文书的段落划分

段落是组成文章篇章的结构单位，一般是在作者行文时随机设置、自然形成的，所以也叫"自然段"。在划分科技文书的段落时，需要注意以下三点：

（1）段落表达的意思必须单一、完整。所谓单一，即一个段落一般来讲只能集中表达一个意思，段落中的所有句子都是围绕着这个中心意思组织起来的。所谓完整，即在一个段落中要把一个相对独立的意思表达完整。

（2）各段落间要有内在联系。一篇文章中的每个段落，都是全篇的有机组成部分，段与段之间应该有着严密的逻辑联系，不能互不关联。

（3）段落的长短要适度。在写作科技文书时，段落设置要恰到好处，要适度，不必机械地追求所谓的"匀称"，但也应防止过短或过长。

1.4.4 过渡和照应

过渡和照应都是使文章内容严谨、连贯的重要手段：过渡是指上下文之间的衔接和转换；照应是指上下文内容上的彼此配合、关照和呼应。

1. 科技文书的过渡安排

在写作科技文书时，需要过渡的情况主要有以下三种：

（1）正文由开头部分进入主体部分，或者由主体部分转入结尾部分，这样的情况都可以安排过渡。

（2）当文章内容转换时，例如，当由一个观点的叙述或论证转入下一个观点的叙述或论证时，一般要用过渡来衔接。

（3）当表达方式或表现方法变化时，例如，由叙述转入议论，或由说明转入叙述，通常都应安排过渡，以便读者能跟上作者写作思路的变化，不至于造成其理解上的混乱。

针对以上三种情况，过渡的方式也有三种：

（1）使用关联词语。关联词语是指在复句中用来连接分句，并表明分句之间关系的连词、副词和短语。常用的关联词语有"因此""但是""然而""总之""综上所述"等，一般出现在下段起首。

（2）使用过渡句。过渡句是一种常见的句式，一般位于两处内容的连接处，起到承上启下的作用。

（3）使用过渡段。如果上下文内容差别较大，就需要安排一个过渡段承上启下。过渡段不是独立的意义段，主要功能不是表达意义，而是完成上下文内容的转换。

2. 科技文书的照应安排

照应，是指文章中不相邻的层次、段落间的关照和呼应。科技文书写作中的照应主要有三个方面的作用：其一，强调重点内容，以引起受文者的注意；其二，突出写作主题，以加深受文者印象；其三，深化写作主题，帮助受文者了解文章的脉络和内在联系。

科技文书写作中常见的照应方式主要有三种：题文照应、首尾照应和行文中的前后照应。

1.4.5 开头、主体和结尾

所有应用文书，不论长短，文章正文主要由开头、主体、结尾三部分组成。科技文书也不例外。

（1）开头。开头是文章的第一个层次，起着统领全文、揭示主题、自然而然地引入主体的作用。科技文书的开头方式多种多样，常见的开头方式主要有开门见山式和间接入题式两种。

（2）主体。主体包括文章要讲述的主要内容、要论证的主要问题、要说明的主要观点。科技文书主体部分的写作要求是，材料要充足，阐述要充分。

（3）结尾。结尾是文章的最后一个层次，是文章内容的总收束。科技文书的结尾方式主要有承前式结尾、号召式结尾和自然收束。但不管采用什么方式结尾，都要使结尾保持简洁、自然、耐人寻味，给读者留下深刻印象。

1.5 科技文书的表达

在撰写科技文书时，合理使用表达方式和正确运用语言是至关重要的。

1.5.1 合理使用表达方式

表达方式是指人们在表述文章内容时所采用的具体手段，包括叙述、描写、议论、抒情和说明等。在写作科技文书时，使用频率最高的是叙述、议论、说明这三种表达方式。

1. 叙述

叙述是科技文书写作中最基本、最常见，也是最主要的一种表达方式。科技文书中的叙述是把科技工作者的经历、科技事件的发展变化过程，以及事物变化的过程表述出来的一种方式。

科技文书写作中的叙述有以下三种：

（1）概括叙述，即在记叙性文章中侧重于交代事物发展的梗概和关节，在论说性文章中侧重于表述事物的本质。

（2）客观叙述，即作者在叙述时尽量排除主观因素，不掺入个人偏好，尤其要避免使用夸张、想象等手法，力求反映事实的真实状况。

（3）顺序叙述，即写作时使用顺序叙述：或以时间为序，从前往后叙述；或以空间为序，由此及彼叙述。

2. 议论

议论是以说理的形式证实观点、表明态度的一种表达方式。完整的议论具有论点、论据、论证三个要素。其中，论证是组织论据来证明论点的过程，它有立论（证明论点正确）和驳论（证明论点错误）两种。科技文书多以正面说理为主，因此，在科技文书写作中多使用立论。

在科技文书写作中，多采用例证法、归纳法、演绎法来证明论点。

（1）例证法，即以客观事实为论据来证明论点的方法。在运用此方法时，事例必须真实、典型，与论点有必然的内在联系。

（2）归纳法，即在科学研究中通过认识个别现象达到认识事物普遍规律的一种思维方法。

（3）演绎法，又称演绎推理，即从一般性结论演绎出诸多个别论断的由上而下的逻辑分析方法。

3. 说明

说明是用言简意赅的语言解说事物、阐释事理的一种表达方式。这种表达方式在科技文书中的用途极广，既可以把事物的形状、性质、特征、成因、关系、构造、种类、功能等解说清楚，也可以对科技理论中的概念、命题，科技理论的特点、演变，以及与其他理论的关系等加以介绍、剖析，使读者认识事物的规律。

在运用说明这一表达方式写作科技文书时，常见的说明方法有定义说明、解释说明、分类说明、举例说明。

1.5.2　正确运用语言

科技文书是一种专业性较强的文体，在写作科技文书的过程中应非常注重内容的科学性、概念的准确性、判断的严密性、推理的逻辑性、用词的规范性。因此，在科技文书写作中，语言运用是非常重要的一个方面，正确运用语言对提高科技文书的质量至关重要。那么，怎样才算正确运用语言呢？答案是，在写作科技文书时，要保证语言的周密、准确、简洁、明朗、规范。

1. 周密

周密是科技文书语言的一大特点。科技文书的语言是否周密，是评判其写得好坏的一个重要标准。周密是指句子与句子之间要有严谨的逻辑关系。要做到句子有逻辑，就要言之有序、言之有理。当然，语言的周密来自思维的严谨，如果思维不严谨，想问题不全面，那么语言逻辑一定会出现很多破绽。

2. 准确

语言准确是科技文书用语最基本的要求，该要求是与科技文书内容的科学性、反映客观事物的真实性紧密联系在一起的。科技文书语言的准确既体现在对复杂的、已经或者将要运用于实践的科学理论做如实的阐述，即准确的语言必须最大限度地保持客观；也体现在它所表达的概念使用范围明确，思维周密，推理无懈可击。

那么，如何保证语言准确？首先，要思路清晰，只有思路清晰，对所研究的对象有全面深入的认识，才能写出准确的语言；其次，要认真推敲，精选最恰当的词语准确地再现事物的状貌，贴切地表达自己的观点；最后，造句要符合语法规则，推理要符合逻辑。

为保证语言准确，在写作科技文书时，还必须注意以下几个问题：

（1）术语的使用要恰当。恰当使用术语是保证科技文书语言准确的前提。不过，在使用术语时，有几点事项需要额外注意：第一，有的科学概念有几个不同的术语，在同一篇文章里，对同一个概念，只能用同一个术语；第二，意义相近的术语不能相互代替使用；第三，不能用日常用语代替术语；第四，并不是术语用得越多越好，凡是不必用术语的地方，就不要用术语，滥用术语有时会造成文章的晦涩。

（2）数量表达要精确。凡是文章中表示数量的概念、数字，要力求精确，尽可能少用或不用"可能""大概""差不多""估计""也许""假如"这些不确定的词语，要给读者留下肯定和确切的印象。

（3）比喻的运用要慎重。虽然科技文书写作有严格的科学性要求，但绝不是说完全不能用比喻，事实上，现代科学中的很多重要概念都是需要借助比喻表达的，比如，原子核的裂变就是以细胞分裂为喻体的；又如，将DNA的分子结构比喻为双螺旋分子结构。在写作科技文书时，对于那些抽象的不能直接感知的事物与道理，需要运用比喻加以表述和说明。不过，在写作科技文书时，不能使用夸张、双关等修辞手法，也要避免使用歇后语、谚语等。

3. 简洁

简洁是指用较少的语言文字表达较丰富的内容，不含糊其词，不冗长拖沓。

要想做到语言简洁，就必须注意以下几点：

（1）在不损害原意的条件下，尽量压缩文字，删去许多可有可无的修饰语，尽量将句子写得简短、清楚。

（2）要避免不必要的重复、反复。

（3）要避免滥用介词结构。

（4）不能滥用、错用文言虚词。

（5）意思复杂的单句，最好改为复句。

（6）若复句的意思很简单，改为单句则更好。

（7）要根据实际情况，恰当选用主动句和被动句。主动句，结构简明；被动句，能强调文章内容的客观性。

4. 明朗

语言明朗，是指表达要清晰明白，让人一目了然。另外，语言明朗还必须指代明确：如果指代明确，就会使文章简洁明了；如果指代不明确，就会使前后文的关系不清，语意不明。

5. 规范

规范主要是就用词和语法规则方面来说的。在长期的语言实践中，人们逐渐形成了习惯用语和语法规则，这些习惯用语和语法规则涉及的内容包括用词、语序和句子成分等。那么，如何保证习惯用语和语法规则的规范呢？

（1）不要自己随意造词。

（2）不要滥用简写词语。例如，有些文章把"混凝土"写成"砼"，把"高层框架结构"写成"高架结构"，这些都是不规范的。

（3）语序要流畅。语序的安排要符合语法规则，否则容易造成语序紊乱，文章意思不能被清楚地表达。

（4）句子成分要完整。只有句子成分完整，才能明确表达意思；如果句子成分不完整，就不符合语法规则了。

总体来说，科技文书的语言，要周密、准确，只有这样才能正确、恰当地表达客观事物；要简洁，只有这样才能通俗易懂、直截了当地表达客观事物；要明朗、规范，只有这样才能清楚、明白地表达客观事物。

1.6 科技文书的写作细节

在写作科技文书时，只要按照规定的格式写作，一般就能在内容表达方面达到基本要求，但要保证科技文书的质量，还应在写作细节上下功夫，使其符合某些规定和惯例。

1.6.1 量和单位的使用规范

在写作科技文书时，需要用到有关量和单位的机会比较多，所以一定要特别注意，确保规范地使用它们。

1. 量名称的使用规范

在使用量的名称时，要注意以下三点：

（1）使用标准化的名称。标准化的量和单位分为13个领域：①空间和时间；②周期及其有关现象；③力学；④热学；⑤电学和磁学；⑥光及有关电磁辐射；⑦声学；⑧物理化学和分子物理学；⑨原子物理学和核物理学；⑩核反应和电离辐射；⑪物理科学和技术；⑫特征数；⑬固体物理学。标准化的量名称体现了上述各领域科学和技术的发展。

在使用标准化的量名称时，应注意优先采用标准化的新名称，尽量不要使用旧名称，例如：应使用"弹性模量"，不应使用"杨氏模量"；应使用"热力学能"，不应使用"内能"；应使用"电通量密度"，不应使用"电位移"；等等。

（2）同一个量的名称不应有多种写法。当一个量有多个符合国家标准规定的名称时，如磁通密度（又称磁感应强度），可以同等使用。但对同一个规范名称，不允许出现几种不同的书写方式，例如，将"阿伏伽德罗常数"写作"阿佛加德罗常数"，将"吉布斯函数"写作"吉卜斯函数"。

（3）不得使用自造名称。在科技文书中，自造名词一般是由单位名称和"数"这个字组成的，例如，将长度称为"米数"，功率称为"瓦数"，物质的量称为"摩尔数"等。也有人"别出心裁"地自造他人不懂的新名称，如"物质的量"，有人为其自造名称为"物量""堆量"，这是不允许的。

2. 量符号的使用规范

每一个量，都有一个或两个以上的符号，这些符号就是量的符号。在写作科技文书的过程中，由于不同量之间的区别不那么明显，因而导致量的符号在使用上或书写上容易出现错误。那么，在使用量的符号时，要注意以下两点：

（1）量的符号通常是单个拉丁字母或希腊字母，有时带有下标或其他说明性记号，如热力学温度T、密度ρ、磁阻R_m。选用相关标准规定的符号，不可随意选择字母作为量的符号。常见的错误情况是使用英文名称缩写作为量的符号。

（2）量的符号必须使用斜体字母，对于矢量和张量，还应使用黑斜体，只有pH是例外，应采用正体。在使用量符号的过程中，无论是正斜体混淆，还是矢量、张量使用黑正体，都是不规范的。

3. 单位名称和单位符号的使用规范

单位名称有全称和简称两种，例如帕斯卡，"帕斯卡"是全称，"帕"是简称。在使用过程中，不能将全称和简称混用。

单位符号应采用正体字母。通常单位符号的字母为小写，如m（米）、s（秒），但是，来源于人名的单位，其符号的首字母为大写，如A（安培）、K（开尔文）、Wb（韦）。

1.6.2 数字的使用规范

在科技文书中，数字的使用要比文字的使用重要得多，因此，在写作科技文书时尤其要注意数字的使用规范。

一般来说，在科技文书中，如果涉及数字，多采用汉字数字、阿拉伯数字，下面我们分别介绍一下汉字数字的使用规范和阿拉伯数字的使用规范。

1. 汉字数字的使用规范

（1）干支纪年、农历月日、历史朝代纪年，以及其他传统上采用汉字形式的非公历纪年等，应采用汉字数字，如丙寅年十月十五日、正月初五、清咸丰十年（1860年）。

（2）相邻的两个数字并列连用表示的概数应采用汉字数字，如三四个月、一二十个、四十五六岁。

（3）含"几"的概数应采用汉字数字。

（4）定型的词、词组、成语、惯用语、缩略语和具有修辞色彩在词语中作为语素的数字应采用汉字数字，如万一、一律、一旦、星期三、八一建军节、三五成群等。

汉字数字和阿拉伯数字的表达效果是不同的。如果要突出庄重的表达效果，应使用汉字数字；如果要突出简洁、醒目的表达效果，应使用阿拉伯数字。

2. 阿拉伯数字的使用规范

在使用阿拉伯数字时，有些规范需要特别注意，这样可以方便读者阅读。4位以上的整数或小数，可采用以下两种方式分节：

（1）在书写小数点前或后4位以上数字时，一般应采用三位分节法，即从小数点起向左或向右每3位为一节，节与节之间空1/4个汉字，比如，55 235、67.346 23、2 431.589 12。

（2）在表示数值的范围时，可采用浪纹式连接号"～"。当前后两个数值的附加符号或计量单位相同时，在不造成歧义的情况下，前一个数值的附加符号或计量单位可省略；如果省略数值的附加符号或计量单位会造成歧义，则不应省略。

在同一场合出现的数字，应遵循"同类别同形式"原则来选择数字的书写形式。如果两个数字的表达功能的类别相同（比如，两个数字都是表达具体日期的数字），或者两个数字在上下文中所处的层级相同（比如，两个数字是文章目录中同级标题的编号），应选用相同的书写形式；反之，如果两个数字的表达功能的类别不同，或在上下文中所处的层级不同，可以选用不同的书写形式。

1.6.3 分层序号的使用规范

科技文书的层次一律用阿拉伯数字连续编号，不同层次的数字之间加下圆点相隔，且下圆点加在数字的右下角，最后的数字后面则不加标点，如"1""1.1""1.1.1"……

科技文书的层次不宜过多，通常不应超过4级，即：

第1级——1

第2级——1.1

第3级——1.1.1

第4级——1.1.1.1

科技文书的各层次内部，若再需要分层叙述时，则可用"（1）（2）（3）……"这种层次序号，再下一级的层次则用"①②③……"这种层次序号。

1.6.4　插图和表格的使用规范

1. 插图的使用规范

插图是科技文书中一种必不可少且经常使用的工具，它可以形象、直观地表达科学思想和技术知识。插图的正确使用可以使科技文书中某些内容的叙述更加简洁、准确和清晰。

科技文书中插图的种类很多，一般有曲线图、构造图、示意图、框图、流程图、记录图、布置图、照片、图版等。

科技文书中应该用插图的情况包括：重要结果、成果的展示；某些难以用文字表述清楚的问题；作者想要突出对比一些内容；等等。

科技文书中的插图一般需要着重表现事物的组成，以及各组成部分的内在联系或相互位置，尤其是各组成部分之间的量化关系。

2. 表格的使用规范

表格是记录数据或事物分类等的一种有效的表达方式，具有简洁、清晰、准确的特点，同时，表格的逻辑性和对比性又很强，因而表格在科技文书中应用广泛。如果表格选用得合适，设计得合理，可以使文章论述得更加清楚、明白。

科技文书中的表格要突出重点，目的明确，形式简洁、规范。

第2章 科技报告类文书

科技的发展日新月异，科技方面的应用文体也越来越多，科技报告类文书便是较为常见的一种。不管是科技管理部门，还是科学研究部门、生产部门，都会经常用到科技报告类文书。

科技报告类文书是指在科技活动的各个阶段，由科技工作者按照有关规定和格式撰写，以积累、传播和交流为目的，能完整而真实地反映其所从事科研活动的技术内容和经验的科技文书。这类文书具有内容广泛、翔实、具体、完整，技术含量高，实用性强，时效性强，便于交流等特点和优势。做好科技报告类文书的编制工作可以提高科研起点，大量减少科研工作的重复劳动，节省科研投入，加速将科技转化为生产力的进程。

本章主要介绍科研项目可行性研究报告、科技研究报告、科研开题报告、科技考察报告、科研进度报告、科技建议报告、科技实验报告、科技试验报告、科研成果报告、科技调查报告、科技预测报告等科技报告类文书。

2.1 科技报告类文书概述

科技报告类文书是科技文书中的一种告知性文体。它是以叙述、说明为主要表达方式，反映科技领域中某些现象的特征、本质及规律的科技应用文体。具体来讲，科技报告类文书是科技工作者用来记录、描述某项技术的研制、实验和考察过程，汇报某项科研课题的研究进展情况，交流某项发明创造或研究成果，陈述某项科技工作的历史、现状、发展和建议等情况的方式。

2.1.1 科技报告类文书的作用

科技报告类文书已经渗透到生产、科研的各个领域，成为其有机组成部分。科技报告类文书的作用主要包括以下两个方面：

1. **具有传播信息的作用**

科技报告类文书既可以报告国内外科学研究和技术发展的基本状况和趋势，又可以反映某项科学研究的进展情况、经过、成绩和问题，所以，这类文书在交流科技情况和快速反映科技动态方面起着积极作用，从而有力地推动了科技的发展。另外，科技报告类文书也便于有关科技管理部门和人员及时了解科技情况，并及时进行指导和决策。

2. **具有储存资料的作用**

科技报告类文书侧重于记录和报道科技研究的事实，具有储存资料的作用，而且，这些资料中一般包含着丰富的新知识、新数据、新资料、新方法、新理论，其信息量大大超过科技论文。科技报告类文书的储存资料的作用对于丰富人类知识宝库具有重要的现实意义和深远的历史意义。

2.1.2 科技报告类文书的分类

科技报告类文书作为科技文书中的一大门类，已经成为科技工作者使用最为频繁的一种文体。科技报告类文书的类型多种多样：按内容可分为基础理论研究报告和工程技术报告两大类；按形式可分为技术报告、技术札记、技术论文、技术备忘录、技术译文、特种出版物及其他等；按研究进展程度可分为初步报告、进展报告、中间报告、终结报告；按管理性质可分为汇报性报告、请示性报告、咨询性报告等；按流通范围可分为绝密报告、机密报告、秘密报告、非密限制发行报告、非密报告、解密报告等，其中需要保密的科技报告类文书内容大多涉及军事、国防工业和其他尖端技术成果。

2.1.3 科技报告类文书的特点

科技报告类文书主要有告知性、真实性、目的性、保密性、时效性等特点。

1. 告知性

告知性是科技报告类文书的基本特点。科技报告类文书侧重于报告客观事实，且报送对象明确，这就导致这类文书的行文目的不仅明确而且专一——将科技工作的有关情况告知有关人员，以便使其知晓和了解。科技报告类文书既可以被用于向上级机关、主管部门、资助单位报告科学研究的进展情况、结果、经费的使用及建议等；也可以被用于与同行交流、向委托方或资助单位报送科技成果等。

2. 真实性

以实事求是的精神反映客观事实是科技报告类文书的基本要求。科技报告类文书以科技实践中的事实为写作内容，真实地记述科学研究和技术工作中的新情况、新动向、新进展、新认识、新发现、新成果。因此，在写作科技报告类文书的过程中，无论是在陈述科研进展情况时，还是在列举收集到的资料或调查到的事实、实验数据、结论时，都要保证其真实性。

3. 目的性

科技报告类文书一般具有明确的目的性。前文提到过，科技报告类文书的行文目的是，将科技工作的有关情况告知有关人员，以便使其知晓和了解。此处的"科技工作的有关情况"一般包括科技工作者自己的研究、考察、实验的结果，或科技工作者自己新的发现，或科技工作者自己对前人成果的纠正、补充。科技报告类文书的目的性主要表现在两个方面：一是从事实出发，客观、准确地报道事实，全面、具体地反映科研工作的全过程；二是在客观的叙述中，探索事物的发生、发展规律，丰富自然科学理论和技术宝库。

4. 保密性

有些科技报告类文书的内容涉及军事、国防工业和其他尖端技术成果，保密性极强，往往不适合公开发行。

5. 时效性

科技报告类文书具有传播科技新成果、新知识的作用，因而对时间的要求也比较高。在取得某项新的科技成果后，要迅速、及时地通过科技报告类文书进行信息的交流与传播，以缩短科学发现或技术发明从产生到公之于世的时间间隔，使科技成果能够尽快地问世。

2.2　科研项目可行性研究报告

科研项目可行性研究报告，是指确定实施某一科研项目之前，从技术、资源、经济和社会等方面对其进行调查研究、分析论证，并在此基础上形成的文字材料。

科研项目可行性研究报告，既可以为项目承担单位在请求主管部门批准时提供理论依据，又可以为项目承担单位的决策者提供参考意见。科研项目，特别是大中型的投资项目，必须进行可行性分析、论证，以说明项目是否可行、项目规模有多大、项目应该怎么做等问题。

在科技报告类文书中，科研项目可行性研究报告有着特殊的地位，它既要汇总前人的成果，又要预测未来。

2.2.1　格式写法

科研项目可行性研究报告一般由封面、前言、摘要、正文、附件五部分组成。

1. 封面

科研项目可行性研究报告的封面必须注明标题、项目名称、申请单位及项目负责人等信息。

（1）标题。科研项目可行性研究报告的标题既可由编制单位名称、工程项目名称和文种组成，如"××××公司关于引进××××的可行性研究报告"；也可省略编制单位名称，由工程项目名称和文种组成，如"关于新建××××的可行性研究报告""××××项目可行性研究报告"。

（2）项目名称，即科研项目名称。

（3）申请单位及项目负责人。此部分内容包括申请单位、项目负责人、可行性研究技术负责人和可行性研究经济负责人等，需要分行拟写。

2. 前言

科研项目可行性研究报告的前言，一般是作者或他人对本报告基本特征的简要介绍，其内容主要包括：研究报告缘起；研究背景；研究目的和意义；编写体例；资助、支持、协作经过；评述和对相关问题研究阐发；

等等。

3. 摘要

科研项目可行性研究报告的摘要是对报告内容不加注释和评论的简短陈述，一般应说明研究目的、实验方法、结果和最终结论等，其中重点是结果和最终结论。

4. 正文

科研项目可行性研究报告的正文主要包括概论、市场研究、技术论证、经济分析和结论五部分，有的科研项目可行性研究报告还包括实施计划或进度。当然，因研究课题的不同，科研项目可行性研究报告的具体内容会略有差异。比如，工业生产建设项目的可行性研究报告，其内容除了包括市场需求情况和拟建规模，还包括所用原材料、燃料及公用设施情况，厂址方案及建厂条件等；又如，改建或扩建项目的可行性研究报告，其内容包括改建或扩建规模，产品方案，工艺流程，设备选择，工程内容，原材料平衡情况、辅助原材料供应情况及采取的相应措施，设计、设备、材料、施工力量的安排和落实情况，生产准备情况，投资估算及资金来源，生产成本等。

5. 附件

科研项目可行性研究报告后面一般需要附上相关的图表、数据、术语表等。

2.2.2 写作注意事项

在撰写科研项目可行性研究报告时，要重点注意以下六个方面：

（1）科研项目可行性研究报告的内容要符合经济规律和国际发展趋势，更要符合国家有关法令、规章、政策及规划等。

（2）撰写科研项目可行性研究报告的先决条件是，针对项目的相关内容进行深入细致的调查研究。

（3）科研项目可行性研究报告的作者要站在第三者的立场上观察问题，广泛征询意见，如实反映客观情况，切忌为了争投资、争项目、争计划而弄虚作假。

（4）科研项目可行性研究报告中所涉及的内容及数据，必须绝对真实可靠，不许有任何偏差及失误。要满足这一要求，就必须确保报告中所用到的资料、数据都是经过反复核实的，以保证内容及数据的真实性。

（5）在撰写科研项目可行性研究报告时，提出的论断要客观、鲜明。要满足这一要求，就需要做到：客观地做出论断，摆脱个人偏见；精密推算，严密论证，保证论断的科学性；论断要明确。

（6）在撰写科研项目可行性研究报告时，不论是判断、推理，还是论证，都要有充足的理由、正确的依据，做到"言之有理，持之有据"。

2.2.3 范文模板

××××科研项目

可行性研究报告

    项目名称：××××
    申请单位：××××
    项目负责人：×××

     ××××制
     ××××年××月

前言

……………

摘要

……………

第一章　概论

一、项目概况

1. 项目名称：××××

2. 项目投资人：×××

3. 项目地址：××××

4. 法定代表人：×××

5. 项目性质：××××

6. 经营范围：××××

二、项目投资人简介

……………

三、报告编制依据

……………

四、编制原则

……………

五、编制范围

……………

六、主要技术经济指标

……………

七、简要结论

……………

第二章　项目建设背景及必要性

一、项目建设背景

近年来随着国内经济持续、快速的增长，城乡群众的生活水平提高很快，以前可望而不可即、属于生活奢侈品的××××正开始慢慢……

……………

二、项目建设的必要性

……

第三章　市场现状及前景分析

……

第四章　建设内容及规模

……

第五章　建设地址及建设条件

……

第六章　项目方案设计

……

第七章　环保、消防、节能及安全

……

第八章　招投标方案

……

第九章　项目的组织机构设置

……

第十章　项目实施进度

……

第十一章　投资估算及资金筹措

……

第十二章　经济效益评价

……

第十三章　结论及建议

一、结论

经本可行性研究初步分析、报告论证，该项目是一个充分利用地理优势及企业整体经营能力、符合社会经济发展和××××发展规划的项目。项目建成后，不仅大大推动了××××，促进××××的发展，同时也是一个××××的多方有利举措。目前，已具备了启动该项目的市场时机、条件与基础，如果该项目得到实施，相信能创造持续稳定的经济效益和良好的社会效益。

二、建议

（一）由于该项目投资较大，建议投资者要充分利用××××的优惠政策，精心组织、实施该项目，确保项目顺利实施；在项目投入运营前，应认真做好市场营销和策划工作，以确保该项目的效益预期；在项目运营中应加强人员培训，尤其是网络信息人才的培训……

（二）建议政府有关部门重视该项目，协调和解决××××建设过程中所遇到的各类实际问题；同时，金融机构也为项目提供必要的资金支持，从资金上给予倾斜和保证，确保项目按期完工，早日建成××××。

附件：（略）

2.3　科技研究报告

科技研究报告是描述科学技术研究过程并告知研究成果的应用文体。具体来说，它是科技工作者在实验和考察的基础上，对自己已经熟知的对象进行新的研究，并告知研究成果的报告类文书。

科技研究报告可分为专题研究报告和综合研究报告。

专题研究报告是科技工作者在确定科研课题之后，针对自己研究的某一课题的成果提出的书面报告。专题研究报告与可行性研究报告的主要区别在于：专题研究报告侧重于解决"如何研究"的问题；而可行性研究报告侧重于解决"能否研究"的问题。在通常情况下，科研院所或高校的研究生撰写的学位论文或专题报告，都属于专题研究报告。

综合研究报告是为了适应科学研究和技术实践中高度综合化趋势的需要而出现的一种新文体，是介于科技论文和科技综述之间的应用文体。在撰写综合研究报告的过程中，科技工作者既可以对某一学科领域前人的成果进行概括、说明；也可以运用前人的成果，结合自己在实验、考察中得到的大量数据、资料，进一步说明、论证新问题。由于边缘学科不断涌现，许多研究一时难以形成系统理论，从而也就难以写成科技论文进行发表，在这种情况下，综合研究报告就起到了独特的作用，因为它既有创造性，又有时效性，可以帮助科技工作者及时向社会告知自己的研究成果。综合研究报告的主要特点在于综合性：一份综合研究报告，实际上就是若干专题研究报告的有机结合。

2.3.1 格式写法

专题研究报告和综合研究报告的格式结构大体一致，一般由标题、署名、摘要、关键词、前言、正文、参考文献、致谢八部分组成。

1. 标题

标题是文章的"窗户"。一些有经验的编辑和读者往往只要看一眼标题，就可以大概判断出文章的好坏，所以，给科技研究报告取个好标题是十分重要的。科技研究报告的标题不但要反映该项研究的核心问题，而且要能引起读者对报告内容的兴趣和注意，因此，在撰写科技研究报告时，要注意采用简洁、明确、读者感兴趣的语句。

2. 署名

科技研究报告标题下的署名是表示研究者对该项研究及研究报告的责任的。署名大多是研究者的真实姓名，也可以用笔名。有时参与研究的人员很多，不便一一署名，那么可以署上"××××课题组""××××课题协作组"等。

3. 摘要

用简练的语言介绍科技研究报告的主要内容，一般不超过 300 字。

4. 关键词

根据题意及内容列出 3～5 个关键词，便于计算机分类录入和读者查阅。

5. 前言

科技研究报告的前言一般应扼要写明以下内容：课题来源；课题的研究目的和意义；课题的国内外研究现状（如深度、广度、已取得的成果和存在的主要问题，还没有进行研究或有待于进一步研究的问题等）或文献综述；与课题有关的研究背景、研究基础、研究的理论依据、研究思路等；课题的研究成果将产生的作用和价值；等等。

6. 正文

正文是科技研究报告的撰写重点，在撰写此部分时，科技工作者可以分设若干小标题，分段述说。科技研究报告的正文要概念准确、判断恰当、有逻辑性、论证有说服力。

科技研究报告正文的内容主要包括研究方法和步骤、研究的主要结果和所产生的效果、研究的主要成果和所形成的理性认识三部分。

7. 参考文献

参考文献，即研究中参考、引用的文献资料目录，它的一般书写方式是，以阿拉伯数字为序号，然后列出作者姓名、文献名及出处。如果参考文献出自报刊，出处应注明报刊的名称和期数；如果参考文献出自一本书的某一章节，则出处应注明书名、章节数、出版单位、出版时间及版本。

8. 致谢

对于曾经指导、参加过选题论证，或对此工作提供过建议、便利条件，而又没有在课题组的人员，可用简短的文字对其表示感谢。

2.3.2 写作注意事项

科技研究报告是科技报告类文书中较为复杂的类型，它的学术价值最高，因此它的写作要求也比较高。

在撰写科技研究报告时，一般不要求做理论上的阐发，也不要求必须有所研究课题的最终研究结果。

在撰写科技研究报告时，要紧扣主题，即围绕研究课题所涉及的研究对象、研究内容和研究目标来写，同时注意回答预定研究目标所设定的问题。

在撰写科技研究报告时，要保证论题、论据、论证的正确：论题具有真理性；作为论据的资料必须具有准确性和可靠性；论证必须符合逻辑，具有说理性。

在撰写科技研究报告时，要预先整理好实验数据与素材，做好材料的选取。在选取材料时，要选用最有价值的材料，与论题无关的材料、不能说明问题的材料要坚决去掉；同时，要做好材料的加工、提炼，使之条理化、规范化、系统化。

完成科技研究报告初稿后，要反复修改，请切记，好文章不是写出来的，是改出来的。另外，可以请专家或同行提出修改意见，旁观者清，从多个角度论证，减少失误。

2.3.3 范文模板

中国海洋可持续发展的生态环境问题与政策研究

××××课题组

摘要：……

关键词：……

前言（另起一页）

…………

正文（另起一页）

1. 中国海洋可持续发展的重要性

…………

2. 中国海洋可持续发展的政策背景

…………

3. 中国海洋可持续发展的重大生态环境问题

…………

4. 国际海洋生态环境管理的经验与趋势

…………

5. 结论

…………

6. 政策建议

…………

参考文献（另起一页）

…………

致谢（另起一页）

…………

2.4　科研开题报告

科研课题立项后，在研究工作开始前，一般都需要组织课题开题。开题一般有正式开题和非正式开题两种形式：正式开题一般通过邀请同行专家，组织召开开题报告会，对课题组拟订的科研项目研究方案进行评议，指导课题组搞好科研项目研究工作；非正式开题，一般在课题组内进行，课题组成员共同完善科研项目研究方案，明确任务分工。

这种由课题负责人或课题组主要研究人员在调查研究的基础上撰写的，报请上级批准的选题、研究计划，被称为科研开题报告，又称科研立项报告。为开辟新的研究课题，科技工作者一般会通过科研开题报告，向委托单位或国家有关部门陈述开辟该课题的理由、自己具备的研究该课题的条件、开展研究的方法等问题。

科研开题报告对于科研工作的开展是非常重要的，它的作用主要有以下四个方面：

（1）通过科研开题报告，开题者可以把自己对课题的认识、理解程度和准备工作情况加以整理、概括，以便使具体的研究目标、步骤、方法、措施、进度、条件等得到更明确的表达。

（2）通过科研开题报告，开题者可以为评审者提供一种较为确定的开题依据。

（3）科技管理部门将科研开题报告作为立项依据，以决定是否批准立项。科研开题报告一旦被批准，课题得以正式确立，则科研开题报告会对立题后的研究工作产生直接的影响。科研开题报告既可以作为课题研究工作开展时的一种暂时性指导——科技管理部门通过科研开题报告来实施计划管理，按照其内容和进度进行检查、监督；也可以作为课题修正时的重要依据等。

（4）科研开题报告是科技工作者进行科研工作的准则，它可以帮助科技工作者明确科研任务和目标，从而有计划、有步骤地开展科研工作。

按照科研项目的不同，科研开题报告分为理论研究项目开题报告、应用研究项目开题报告和发展研究项目开题报告三种类型。

在进行科学研究时，必须重视科研开题报告的撰写。另外，随着科技管理工作的加强，科研开题报告撰写方面的要求也会越来越高。

2.4.1 格式写法

科研开题报告一般由标题、署名、前言、正文、结语、参考文献六部分组成。

1. 标题

科研开题报告的标题一般由科研课题名称和文种组成，不使用副标题。

科研开题报告的标题要准确、规范、简洁：所谓准确，即标题要把课题所研究的问题、对象交代清楚；所谓规范，即标题所用的词语、句型要规范、科学，似是而非的词语不要用，口号式、结论式的句型不要用；所谓简洁，即标题不能太长，能不要的字就尽量不要。

2. 署名

在标题的下面必须署上课题组名称，一般不写作者姓名。课题署名的目的是表示对科研开题报告负责。

科研开题报告可以不写摘要和关键词。

3. 前言

前言，即科研开题报告的序言。科研开题报告的前言一般应说清楚课题选题、立项、批准的过程，开题前的准备，开题缘由，开题意义等。在写作科研开题报告的前言时，要力求简明扼要，直截了当，开门见山，直入主题；不要面面俱到，不着边际，文不对题。

4. 正文

正文是科研开题报告的主体部分和关键部分。科研开题报告的正文一般包括以下内容：课题提出的背景和所要解决的主要问题；课题的国内外研究概况及发展趋势；课题研究的重要性和迫切性；完成课题的可行性分析；课题研究的支撑性理论依据；课题研究的目标；课题研究的内容；课题研究的方法；课题研究的进度安排；课题研究的保障措施；成果分析；等等。每篇科研开题报告不一定非要涵盖上述所有内容，科技工作者可以根据实际需要选择合适的内容来撰写自己的科研开题报告。

在撰写科研开题报告的正文时，要掌握并充分占有材料，并认真对材料进行分析、综合、整理，经过一定的逻辑组织，最后得出正确的观点；可采用图表来集中反映数据，注意图表运用要少而精，数据必须准确无误；要层次清楚，观点鲜明，逻辑性强，大标题涵盖小标题，小标题服务于大标题，标题总领内容，内容说明标题。

5. 结语

科研开题报告的结语要简洁，既可以对课题管理部门提希望，给研究人员提要求，也可以表示课题组的态度和决心。

科研开题报告中的"致谢"可有可无。对于曾经指导、参加过选题论证，或对此工作提供过建议、便利条件，而又没有在课题组的人员，可用简短的文字对其表示感谢。

6. 参考文献

此处按要求将撰写科研开题报告时引用的他人的材料、数据、论点、文章注明出处。

2.4.2　写作注意事项

在撰写科研开题报告时，要客观地叙述国内外研究的概况及发展趋势、课题研究的理论依据，详细阐明课题研究的重要性和迫切性，阐明所选课题对科技、经济、社会发展的意义和作用，以取得有关部门的理解和支持。

在撰写科研开题报告时，要充分突出所选课题的特色和创新性——课题研究中所涉及的前人未研究过的新理论、新方法、新工艺、新材料、新设备，并要强调课题研究的可行性。

在撰写科研开题报告时，对课题研究进度的安排要实事求是，量力而行，留有余地。

在撰写科研开题报告时，内容要具体、明确、完整，条理要清晰，文字表达要简洁、通俗易懂。

2.4.3　范文模板

××市××××系统研究开题报告
××××课题组

××××是城市建设的基础设施，搞好……具有重要作用。

××××系统，是××××的重要手段。该系统的实现将对××××起到一定作用,以实现……

……………

一、××××系统研究的主要内容、国内外研究概况及发展趋势

(一)研究的主要内容

……………

(二)国外……

……………

(三)国内……

……………

二、××××系统研究的重要性和迫切性

……………

三、可行性分析

……………

四、采取的研究方法和技术路线

……………

五、计划进度及经济、社会、环境效益

(一)计划进度

为尽快完成××××,使其服务于××××,我们将于××××年××月底完成××××演示系统。静态系统将于××××年开始,争取在××年内完成;动态系统由××××年开始进行准备工作,××××年开始设计,在××年内完成。

(二)经济效益

……………

(三)社会效益

……………

(四)环境效益

……………

六、参考文献

……………

2.5　科技考察报告

科技考察报告，即科技工作者在未知的科学领域，运用观察、勘测、采集等手段，对考察对象进行全面、深入的考察，在搜集、整理大量材料的基础上，经过严密分析、论证之后，运用相对通俗易懂、深入浅出的文字，直接叙述其所见到的科技事实的科技报告。科技考察报告反映某一学科的学术水平、科研动向等信息，或表述某一科研课题实际考察研究的结果，为科技工作者传达科技方面的最新发展动态，进而为科研提供情报线索。

科技考察报告所描述的科技事实是确凿的、真实的，具有一定的科学价值和明确的专业范围，因此其具有真实性、科学性和专业性。

根据内容、目的和要求的不同，科技考察报告可分为科技情况考察报告、学术会议考察报告和技术考察报告三种类型。

科技情况考察报告，即对国内外某一学科、某一技术问题进行较为全面的考察之后撰写的考察报告，如某一国家的科技情况考察报告、某一国家某一学科的科技情况考察报告、几个国家某一相同学科的科技情况考察报告。科技情况考察报告直接叙述所见到的科技事实，目的是为国内科技工作者提供国内外最新的科技信息。

学术会议考察报告，即科技工作者通过参观、访问、座谈等多种形式的学术交流活动，将了解到的所交流学科所在领域的最新科技信息以书面形式反映出来而形成的考察报告。这种考察报告旨在汲取同行成果，促进学术交流，它能够反映相关学科领域的学术水平、攻关重点和发展方向，具有较高的学术价值。

技术考察报告，即科技工作者为了解决实验或生产上的某项技术难题，通过参观、学习相关单位而撰写的考察报告。这种考察报告专业化程度较高，内容详尽、具体，针对性很强，有很大的使用价值。

2.5.1　格式写法

科技考察报告一般由标题、署名、正文三部分组成。

1. 标题

常见的科技考察报告的标题由考察地点、项目名称和文种组成，如"××市高速铁路考察报告""××国林业化学除草考察报告""××国环境污染和环境保护考察报告"等；有时，也会在考察地点的前面加上"关于"二字，如"关于××国发展新能源汽车的考察报告"。

除此之外，还可以在科技考察报告的标题中直接点明主题，如"×××盆地生成的原因"。也有一些科技考察报告的标题类似于论文标题，即在标题中直接表达某种观点，如"发展××××产业是拉动内需的重要抓手"。

2. 署名

在标题下面需要署上作者姓名及其所在单位名称，或者考察团名称，如果标题中出现了考察团名称，此处可以将其省略。

一般来说，科技情况考察报告和学术会议考察报告可以有摘要，但在具体写作时，往往把它与前言合在一起写或者省略。

3. 正文

科技考察报告的正文由前言、主体、结尾三部分组成。

（1）前言，即科技考察报告的开头部分。科技考察报告的前言一般概述考察的总体情况。在撰写这部分内容时，不但要写得通俗易懂，而且要清楚地写出考察的内容和收获。在科技情况考察报告、技术考察报告的前言部分，也可以介绍考察团的名称、组成，考察过程中所访问的国家、城市、机构、具体单位等；在学术会议考察报告的前言部分，还要写明会议名称、主办机构名称、会议时间、会议地点、参加人员、会议的主要议题、开会的方式等。

（2）主体。因为科技考察报告种类的不同，其正文主体部分的写法也不相同。

科技情况考察报告的主体部分要详述考察内容，概述考察收获。详述考察内容部分是科技情况考察报告的核心，要把所有有意义的考察项目和内容分门别类或按一定的顺序详细地写出来，有时还需要配上图片、图表，便于说明情况。

学术会议考察报告的主体部分主要写明收获，这部分主要包括以下三个方面的内容：

①会议上所交流学科在研究方面的新动向，出现的新成果、新技术和新

方法；

②对会议上的主要论文进行综合介绍，可以摘取论文中最精华的部分，具体到图表、数据、方法、论证、结论等，不能像记流水账那样将论文中的内容毫无遗漏地全部记录下来；

③结合国内外情况，介绍所交流学科在科研管理、学科方向、试验设备、测试技术、数据处理等方面的先进经验。

技术考察报告的主体部分主要介绍考察细目和收获。

（3）结尾。科技考察报告结尾的形式灵活多样：有的科技考察报告随着正文结束而自然收束；有的科技考察报告的结尾还可以写上考察后的结论、建议等。这部分内容可以根据实际情况进行妥善安排。

2.5.2　写作注意事项

在撰写科技考察报告时，首先要认真考察，深入考察研究，实事求是，并保证观点和材料的统一。

在撰写科技考察报告时，可综合运用各种表达方式，文字要简明扼要、通俗易懂；还可适当运用图片、表格、曲线等，使科技考察报告具有趣味性。

在撰写科技考察报告时，不仅要注重写作质量，还要注重时效性。滞后的科技考察报告，其科研价值和推广作用将大打折扣，因此，撰写科技考察报告应该和撰写新闻一样，争时间、抢速度。

2.5.3　范文模板

××国节水农业考察报告
××××考察团

一、考察概况

××国位于××××，西邻××××，东北与××××接壤，北濒××××，南隔××××与××××相望，东和东南××××，国土总面积……

应××国××××公司邀请，××××年××月××日至××月××

日，××××组织××××考察团赴××国考察节水农业。

此次考察受到了××国××××公司的热情接待，在考察的××天中，共……先后考察了××××等节水灌溉设施和现代化灌溉控制系统等，使我们对××国的节水灌溉情况有了一个基本的了解。

二、××国节水农业灌溉的特点与体会

与××××相比，××国较为干旱缺水，北部地区年降水约×××毫米，主要种植作物是××××；南部地区年降水约×××毫米，主要种植作物是××××。因自然条件和缺水形势所迫，节约用水、节水灌溉在××国是一个基本的理念。

（一）政府高度重视节水灌溉，对节水灌溉工程进行投资或补贴

…………

（二）灌溉协会（农民用水者协会）历史悠久、组织健全、管理规范，真正发挥了灌溉管理作用

…………

（三）由传统灌溉方式向现代化灌溉转变

…………

（四）注重不同形式、不同级别的技术培训与交流，科技示范引导成果转化

…………

（五）注重咸水淡化利用

…………

三、几点建议

（一）应进一步加强节水技术交流

…………

（二）开展合作研究

…………

2.6 科研进度报告

每个科研项目，都有其研究的周期和步骤。科研工作真正开展之后，计划和预期目标是否真正得到了实现，需要进行阶段性的检查和总结，并向上级科技管理部门、委托单位或资助单位汇报，在汇报时所使用的文体就是科研进度报告。由此可见，科研进度报告，是科研项目的承担单位向上级科技管理部门、委托单位或资助单位汇报研究进展情况的书面报告。此处的"研究进展情况"一般包括已取得的阶段性成果、遇到的困难、原有计划的调整内容、今后科研工作的打算、需要加强的环节等。

科研进度报告便于上级科技管理部门、委托单位或资助单位了解、检查科研项目的完成情况，发现问题，并及时解决问题；便于承担单位及时总结上一阶段的工作，筹划下一阶段的研究事宜，及时调整自己的研究方法和进度；便于协作单位了解对方进度，搞好协作配合；为参与研究的工作人员以后撰写论文或结题报告积累素材和资料。

2.6.1 格式写法

科研进度报告一般由标题、课题概况、正文、落款四部分组成。

1. 标题

科研进度报告标题的格式写法较为简单，通常为研究课题名称加上"进度报告"或"年度报告"，如"××××在××××中的应用及作用机理研究进度报告"。

2. 课题概况

课题概况一般写在标题之下、正文之上，包括课题来源、起止日期、承担单位、课题主持人和参加人员等。

3. 正文

科研进度报告正文的核心内容为科研进展情况，主要包括研究内容和目标、已取得的研究成果、遇到的新问题及解决方法等。如果科研进度报告正文的内容所涉及的方面过多，可以分条陈述。另外，科研进度报告正文还需要对下一阶段的科研计划进行必要的描述。

4. 落款

在正文右下方注明课题组负责人的姓名和日期。

2.6.2 写作注意事项

在撰写科研进度报告时，要运用学术语言、专业术语，不要使用俚语、日常习惯用语。

在撰写科研进度报告时，要在文字上保持简洁性，不要在烦琐的细节上絮絮叨叨。

每次的科研进度报告都要有新鲜的内容，切忌千篇一律。

2.6.3 范文模板

××××最佳工艺及过程控制的研究年度报告

课题来源：××××

起止日期：××××年至××××年

承担单位：××××

课题主持人：×××（职称）

参加人员：×××（职称）　×××（职称）　×××（职称）　×××（职称）

一、主要研究内容

…………

二、本年度的目标

…………

三、研究成果

1. 已将上一年获得的最佳工艺正式用于生产，重熔了××炉钢，质量全部合格，平均电耗为××××，比原熔炼工艺节电××××左右，经济效果显著。

2. 做了两次××××试验，每次××××，测定了××××，发现了××××，为控制××××提供了依据。

3. 扩大了试验品种。采用节电新工艺试炼××××和××××两个新钢种，质量全部合格，电耗分别降到××××和××××。

4. 利用前两年的试验数据（包括部分工厂的生产数据）及理论指导，写出了《××××》一文，提出了一套制定优质低耗最佳工艺的方法。

5. 今年6至7月在××××厂××炉上推广了在××××厂搞出的成果，做了××炉生产试验……

6. 上半年完成了……下半年进行正式投产试验，整个系统运转正常，全部指标皆达到了……

四、遇到的新问题及解决方法

…………

五、经验与教训

…………

六、下阶段计划

1. 继续进行降低电耗的试验，达到××××的指标。

2. 继续扩大生产试验。

3. 为××××系统的鉴定做准备，争取明年5月份鉴定。

4. 写出1～3篇论文。

×××
××××年××月××日

2.7 科技建议报告

科技建议报告是个人或单位运用自己所掌握的科技知识，分析科技工作的现状、问题及前景，主动向领导机关或上级部门提出意见、建议时所提交的书面报告。

科技建议报告能促进并加速科技向现实生产力转化，使科研服务于经济建设，从而提高各级领导机关的科学决策能力、管理水平；同时，它也能发挥广大科技工作者的聪明才智，以使其对经济建设发挥重要作用。

按照内容的不同，科技建议报告可分为改进类建议报告、建设类建议报告和引进类建议报告：改进类建议报告是陈述某一经济、技术问题的现状，针对存在的问题分析其原因，提出具体的科技方面的改进措施和建议的报告；建设类建议报告是根据科技发展的趋势，预测科技未来发展方向，提出对策性建议的报告；引进类建议报告是针对我国经济、技术的具体情况，提出引进国外、境外技术或设备的建议的报告。

2.7.1 格式写法

科技建议报告一般由标题、正文、结语、落款四部分组成。

1. 标题

科技建议报告的标题可以简单写"建议报告""建议""思考与建议"等字样，也可以在这些字样之前加上相关的科研任务名称。无论采用哪种形式，标题都应简洁、醒目，直接指明科技建议的主要内容。

2. 正文

（1）前言。前言是科技建议报告正文的第一项内容，主要用来引出下文。这部分内容可以省略。

（2）主体。主体是科技建议报告正文的核心部分，对该项建议能否被采纳有重要作用。主体部分的内容一般包括发现的问题，问题产生的原因，解决问题的具体建议、措施、步骤、方法。

（3）结论。在结论部分要着重强调上述所提建议的合理性。

3. 结语

根据具体情况确定是否需要写结语。对于需要写结语的，可对建议的要点做一个小结；也可用惯用语结尾，如"以上建议，得到××××支持，请××××参考"。结语可省略。

4. 落款

落款处需要注明建议人的姓名和日期。

2.7.2 写作注意事项

在撰写科技建议报告时，要熟悉国家的方针、政策，了解当前政治、经济形势，选择那些与国家经济建设、人民生活密切相关的，急需解决的经济、技术问题，提出解决问题的科技方面的建议。

在撰写科技建议报告时，要从客观实际出发，进行周密的调查研究，全面掌握所针对的具体情况或问题，结合自己科技方面的专业知识和长期积累的经验，使所提的建议具备合理性、可行性。

在撰写科技建议报告时，对情况或问题的分析和论证，既要条理清楚、简洁、深刻，又要充分、周密。

2.7.3 范文模板

增强××××农业科研后劲的思考与建议

一、××××年来××××农业科学技术研究回顾

自××××年实行××××以来，××××农业生产依靠科技进步得到了空前的发展，继××××年粮食总产突破×××公斤大关后，××××年创历史最高水平，总产达××××公斤，林业、牧业及水产养殖等也得到了较快发展。××××年来农业科技进步率为……

但截至××××年年底，××××农业技术人员占各类技术人员的×××，每万名农业人口仅有……

××××年来共获得科技成果××××项，获得××××科技进步奖励成果××××项，获奖率……

综上所述，××××农业科研的组织实施反映出以下差距。

　……

二、当前农业科研工作中值得关注的几种倾向

随着××××的普遍推行和改革的不断深入，农业的发展必须依靠科学技术，科学技术必须面向农业生产的良好运行机制已基本建立，并极大地调动了广大农业科技工作者进入农业生产主战场的积极性。……

（一）鼓励农业技术承包，忽视了科研和技术贮备

　……

（二）鼓励开发研究，忽视应用基础研究

　……

三、增强农业科研后劲的建议

根据××××农业科研工作的差距和目前存在的问题,笔者认为需要做好以下工作。

(一)转变观念,强化农业科学研究意识

……

(二)加强宏观指导,重视农业应用基础研究

……

(三)增加对农业科学技术研究的投入

……

(四)注重培养农业科学技术研究的后备人才

……

(五)健全农业科学技术情报服务体系

……

×××(职务或职称)
××××年××月××日

2.8 科技实验报告

在科研活动中,为了检验某种科学理论或假说、进行发明创造或解决实际问题,往往都要进行科技实验。通过观测、分析、综合、判断如实地将实验过程和结果记录下来,这样形成的书面文字材料就是科技实验报告。

科技实验报告是对科技实验工作的如实描述和系统概括,是科研工作的重要环节,也是开展科研工作的重要手段。它兼有实验、报告两种性质,多用于技术和科学领域。

科技实验报告如实记录实验过程,在实验中观察到什么就记录什么,所记录的现象、实验数据和结果都要真实、可靠,经得起科学检验。科技实验报告以说明、叙述为主要表达方式,如实说明实验过程和结果,并不强求圆满的实验结果;同时,它多采用图表等辅助说明方法,便于读者了解实验装置和工作原理。

科技实验报告对于进行科学研究、推动科技进步有着重要的作用：它进一步验证科学理论及其概念、定律、法则，补充和修正前人实验的不足之处；它用已有的实验原理做出更高数量级的测试精度；它用新的实验方法证明原有的结果；它为某项开拓性研究设计全新的实践方案；等等。

按照目的和作用的不同，科技实验报告可分为教学实验报告和科学研究实验报告。教学实验报告，即课堂实验报告。科学研究实验报告按其功能又可分为检验型实验报告和创新型实验报告：检验型实验报告相对比较简单，往往是参照前人的实验报告完成的，比如学生在完成物理、化学实验后撰写的实验报告就是检验型实验报告；创新型实验报告是科技工作者常使用的实验报告，这类实验报告所反映的是一项新的科研项目、设计出的一个全新的实验过程、改进的一项实验方法等。

另外，按照不同的标准，科技实验可进行如下分类：按照实验方式的不同，科技实验可分为对比实验、中间实验、模型实验、模拟实验等；按照实验性质的不同，科技实验可分为定性实验和定量实验。不同类型的实验均有相对应的实验报告。

2.8.1 格式写法

科技实验报告有基本固定的格式写法，不同的实验报告，其格式写法大同小异。检验型实验报告通常项目单一，内容简单，多数内容按既定的要求填写。创新型实验报告内容较为复杂，一般由标题、署名、摘要（包括关键词）、前言、正文、参考文献、致谢七部分组成。

1. 标题

在拟定科技实验报告的标题时，注意要用比较简洁的语言反映实验的内容，例如，要验证某理论、算法，标题可以写为"验证××××""分析××××"。

2. 署名

此处需要注明作者姓名、参与者姓名、科研单位名称。若是单位集体所做的研究实验，只需要注明单位名称。这一项比较简单，如实填写即可。

3. 摘要

科技实验报告的摘要需要简要地介绍实验方法、实验结果，便于读者确认有无必要阅读原文。

4. 前言

前言是科技实验报告的开端,具有开宗明义的作用。这部分内容主要包括实验的背景和条件的介绍、实验的主要内容和结果的概述等。这部分内容要概括、精练,点到即可,重要的地方可略加说明。

5. 正文

科技实验报告的正文主要包括以下内容:

(1) 实验目的。实验目的一定要明确,即着重指明为什么要进行该实验。

(2) 实验原理。所谓实验原理,即进行该实验的理论依据。在撰写这部分时,需要简要说明实验中所涉及的概念、定律。

(3) 实验内容。实验内容是科技实验报告中最重要的部分,在撰写这部分时,可从理论和实践两个方面来考虑。这部分要写明依据何种原理、定律、算法或操作方法进行实验,并详细介绍计算过程。

(4) 实验设备、实验材料和实验装置。实验设备包括实验过程中使用的重要设备、特殊设备、自制设备。对于实验设备,应详细介绍其原理、结构、规格、型号、性能等。对于实验材料,应按照其性质进行分类,并详细介绍,比如,化学实验中的试剂应给出形态、浓度及化学成分等。对于实验装置,应以其在空间的位置为序进行介绍,必要时绘出草图,附以文字和符号说明。

(5) 实验步骤。一般应按时间顺序介绍实验步骤和操作方法。需要注意的是,此部分只需要写关键的操作步骤,语言要简洁明了;同时,要画出实验流程图。

(6) 实验现象和实验结果。一般来说,在描述相应的实验现象和实验结果时,一般可以采用如下三种方法:

① 文字表述。根据实验目的,对原始资料进行系统化、条理化处理后,用规范的术语描述实验现象和实验结果。

② 图表。在描述实验结果时,若使用表格或者坐标图,则可以让实验结果更直观、清晰,所以对于那些分组较多的实验,这种方法既可以直观、清晰地展现其结果,也有助于各项指标的相互比较。

③ 曲线图。曲线图可以让各项指标的变化趋势更形象具体、直观明了。

在撰写科技实验报告时,可以选择上述一种方法,也可以几种方法混合使用。

要客观描述实验现象和实验结果。在描述实验结果时，一般要使用科技专用术语，引用数据要真实、准确。

（7）讨论。这里说的"讨论"是指根据已掌握的相关理论知识对所得出的实验结果进行解释和分析。如果实验结果和预期的结果相符，可以对其进行讨论，指出其验证了什么理论、有什么意义、说明了什么问题。需要注意的是，不能把已知的理论或生活经验硬套在实验结果上，也不能因所得到的实验结果与预期的结果或理论不相符而随意取舍甚至修改实验结果。如果实验结果与预期的结果不相符，应尽量找出问题所在。

（8）结论。此部分不是对实验结果的复核，更不是对今后研究的展望，而是对实验结果做出最后的判断，此判断包括：实验验证或发展的科学理论；实验发现的新的规律；实验过程中发现的问题；实验取得的成果；实验成果的价值、作用和意义；等等。结论要简练、严谨、客观。

6. 参考文献

在科技实验报告正文中所使用的别人的实验数据、公式、成果，需要依据引用的顺序在此处一一注明。

7. 致谢

对于在实验和撰写科技实验报告过程中对自己有过帮助的单位和个人，作者应在正文后致谢，感谢他们的帮助和指导。这部分内容也可以省略。

2.8.2 写作注意事项

撰写科技实验报告的关键是要做好实验。在实验过程中，应按科技实验的要求、步骤进行操作，仔细观察实验现象，认真记录各种现象和数据，以便为撰写科技实验报告提供客观、真实、充分的材料。

在撰写科技实验报告时，要实事求是，所记录的实验数据要真实、可靠，不得随意修改实验数据；要用简练、清晰、确切的文字和专业术语客观地表述实验过程和实验结果，且要按有关规定处理实验数据。

在撰写科技实验报告时，要抓住重点和关键，讲求结构格式的规范性，做到层次分明、要点突出。在叙述过程中要条理清晰、富有逻辑性，在语言表达上要做到严明、准确，适当采用专业术语说明问题，一般不追求语言的形象性，尽量避免产生歧义。

2.8.3　范文模板

发酵原料的不同处理对沼气产量和肥效的影响
×××

摘要：……

关键词：……

一、前言

沼气是反映自然界生物生态循环的一种可再生的生物能源。……把农作物秸秆作为沼气发酵的原料，是利用生物能源的最现实、最广泛和最科学的方法。

二、实验目的

为了探索发酵原料的不同处理与沼气发酵的关系，提高发酵原料的利用率、产气率和肥效，特做产气和肥效的对比实验。

三、实验原理和内容

…………

四、实验装置

…………

五、实验步骤

1. ……

…………

3. ……

…………

六、结果和讨论

…………

七、小结

…………

八、参考文献

…………

2.9 科技试验报告

科技试验是指在规定的条件下，使用一定的设备和方法，对科技产品或装备的性能和功能所进行的检测或测试。那么，记录检测或测试结果的文体就是科技试验报告。

2.9.1 格式写法

一般来说，科技试验报告的格式写法与科技实验报告类似。科技试验报告着重记述科技试验的工作过程，包括试验方案、方案的实施及所取得的数据或结果等。同时，对所取得的试验数据、结果进行全面统计和分析，通过运算、绘图、制表等途径找出规律，将零星、片段的信息归纳为完整、系统、全面的结论。

2.9.2 写作注意事项

科技试验报告的技术性较强，使用专业符号、术语较多，要注意统一规定，采用标准、规范的符号、术语。

科技试验报告的行文要力求简洁、准确、结构合理，结论要实事求是。

2.9.3 范文模板

新型防火阀与火灾报警器定期观测试验报告
××市××××研究所

摘要：……

关键词：……

一、前言

……

二、试验目的

检验防火阀与火灾报警器的联动情况（包括自控、遥控及手动等动作），阀门关闭的严密性及灵敏性。

三、试验原理和内容

……………

四、试验器材

……………

五、试验装置（即各种器材的连接方式）

……………

六、试验步骤

1. 由烟感探测器联动

……………

2. 按动遥控手动开关

……………

3. ……

……………

七、试验结果

（1）完成试验步骤1，烟感探测器受××××后立即报警，则火灾报警器接收到火灾信号，发出……

（2）完成试验步骤2，模拟当报警器接到火灾报警信号后，值班人员也可启动手动按钮……

（3）完成试验步骤3……

八、讨论

……………

九、结论

（1）由上述试验步骤和结果可以看出……

（2）当防火阀和火灾报警器的联动失效时……

（3）经过一个多月的观察……

十、试验中发现的一些问题

……………

十一、参考文献
....

2.10　科研成果报告

　　科研工作是重成果、重实效的一项高效益劳动，只有取得了成果，科研工作才算有了实质性的意义。科研成果，即关于某一科研课题，通过观察实验、研究试制或辩证思维活动取得的具有一定学术意义或实用意义的结果。

　　科研成果报告，是科技工作者围绕自己所承担的专题，或者对某项科研课题研究取得实质性成果而撰写的科技文书。它可以真实、客观地反映某一科研课题的进展情况与阶段成果，或者表述某一具体项目的总体与阶段成果，或者表述某一研究、试制的结果，或者论述某一科技问题的研究现状与进展情况。科研成果报告注重的是成果的原理、技术关键、技术指标、经济效益，它不注重对研究过程和研究手段的反映。

　　科研成果报告的作用主要包括三个方面：一是科技工作者可以借助它向科研主管部门或委托单位汇报其承担的科研项目、科研课题的进展情况、阶段成果或最终成果；二是科技工作者可以借助它对自己承担的科研项目、科研课题完成情况做出恰当、负责的评价；三是科技工作者可以借助它来交流自己的科研成果，以便总结经验，进行科研项目、科研课题的科学评估。

　　按照研究学科的不同，科研成果报告可分为三种类型：基础科学学科领域的创造性研究成果报告；应用技术学科领域的新技术、新方法、新工艺研究成果报告；重大科研项目的阶段性成果报告。其中，重大科研项目的阶段性成果报告又可分为定期总结报告和进度总结报告：定期总结报告包括月报、季报、年报；进度总结报告包括阶段性小结报告、终止报告。

　　与科研成果报告类似的文书还有"科研项目结项报告""科研项目结题报告""科研项目终结报告"等，在它们中，有些文书也有印制好的规范样式。本书仅介绍科研成果报告的格式写法，其余可参照撰写。

2.10.1 格式写法

科研成果报告有表格式和文字说明式两种,它们均有统一规范。对于表格式科研成果报告,按格式要求逐项填写即可。这里重点介绍文字说明式科研成果报告的格式写法。

文字说明式科研成果报告一般由标题,内容摘要,鉴定或评审意见,应用、推广或处理建议,资料目录,审查意见六部分组成。

1. 标题

科研成果报告的标题要简明、准确地表明该课题研究的基本内容。

2. 内容摘要

内容摘要是科研成果报告中最为核心的部分,其内容包括科研成果的主要用途、基本原理、技术关键、预定和达到的技术指标、经济价值、国内外水平比较等。

内容摘要之后要签署科研课题负责人姓名和日期。

3. 鉴定或评审意见

这部分由鉴定或评审单位填写,是经严格鉴定之后得出的结论性意见和建议,其内容一般包括三个方面:一是成果的先进性和创造性;二是成果的经济价值和社会意义;三是对成果的等级认定。

鉴定或评审单位填写完鉴定或评审意见之后,要签字盖章,并注明日期。

4. 应用、推广或处理建议

在科研成果报告中,针对所报告的科研成果的具体情况,可以提出进行应用或推广的建议,有时也可以提出改进或处理建议。

5. 资料目录

针对科研成果报告所附带的相关资料,要一一列出标题,并编制目录。

6. 审查意见

这部分由申报单位主管部门填写,并签字盖章。

2.10.2 写作注意事项

科技工作者对自己所承担的科研项目、科研课题取得的实质性成果,包括阶段性成果,要及时、迅速地写出科研成果报告,以得到社会的认可,实现其社会价值和经济价值。

在撰写作科研成果报告时,要明确撰写的目的和指导思想,准确掌握科研成果技术上的成熟性和经济上的合理性;要充分说明科研成果的用途和应用;要准确评价科研成果的科学效果、技术效果和社会效果。

在撰写科研成果报告时,要充分掌握相关材料,进行严密论证和科学分析;并且要与国内外同类科研成果的先进水平进行对比,以便做出恰当、正确、客观的评价。

在撰写科研成果报告时,要据事论理,保证条理清晰、文字简洁,篇幅不宜过长。

在撰写科研成果报告时,对于涉及国家机密或商业机密的科研成果报告,需要注明保密等级。

2.10.3 范文模板

××××油页岩综合利用报告

一、内容摘要
　…………

二、鉴定或评审意见
　…………

三、应用、推广或处理意见
　…………

四、资料目录
　…………

五、审查意见
　…………

2.11 科技调查报告

科技调查报告是针对科技领域中的某一事物、某些现象或某些问题,经过深入细致的调查、分析、研究，得出规律性认识之后所写的一种科技报告类文书。科技调查报告要陈述事实、列出数据、分析特征、把握规律，是一种将叙述、说明、议论多种方式融为一体的实用文体。

科技调查报告的主要作用主要包括两个方面：一是反映科技领域中的某些情况或现象，总结经验，揭示问题，帮助人们清楚地认识它们，并掌握规律；二是为科技领域中的决策、管理、研究等提供可以用作参考的材料。科技调查报告所提供的材料、数据、意见、建议，往往会对科技工作的开展起到积极的推动作用。

科技调查报告是一种针对性很强的文书，可以说，针对性是科技调查报告的"灵魂"。科技调查报告的针对性越强，它能起到的作用就越大。科技调查报告的针对性既体现在撰写目的上——科技工作者要根据党和国家的方针政策，从实际出发，有针对性地调查研究，总结经验；也体现在所研究分析的问题上——它或者针对科技领域中的某一问题进行调查研究，或者针对科技领域中的某些情况或现象进行调查研究。

科技调查报告需要大量来源可靠的数据来使自身显得内容充实、真实可信。科技调查报告对情况、现象和问题的揭示并不是靠主观印象式的陈述，而是靠通过调查、统计获得的大量确凿的数据，即其把认识建立在大量的事实材料和科学的分析、归纳的基础之上。

科技调查报告是针对当前科技领域中的新情况、新现象、新问题而进行调查、研究的，它在时效性上有较高的要求。当前的社会瞬息万变，科技领域也日新月异，如果科技调查报告所反映的内容是滞后的，其意义和价值必然大打折扣。

常见的科技调查报告有经验调查报告、情况调查报告和问题调查报告。

经验调查报告，是反映、介绍、推广科技领域中的先进经验来指导全局性工作的调查报告。经验调查报告中的经验具有代表性、科学性、政策性，能对科技工作的开展起到推动和指导作用。

情况调查报告，是反映科技领域中的某一方面的基本情况和发展状态的调查报告，这类调查报告对正确制定科技方针、政策有重大意义。

问题调查报告，是用大量的事实揭露科技领域中的某一不良倾向，指出问题的严重性，引起人们注意和重视，以使其提高认识、吸取教训，从而推动科技工作开展的调查报告。

2.11.1 格式写法

科技调查报告一般由标题、署名、正文三部分组成。

1. 标题

科技调查报告的标题有单行标题和双行标题。

单行标题又分两种：一种是公文式标题，即由调查课题名称和文种组成的标题，如"关于光电产业发展的调查报告"；另一种是文章式标题，这种标题一般省略调查课题名称和文种，但仍能简要概括报告的主要内容，比如，我们可以用提问的方法来拟制标题——"CAD能够帮助我们干什么？"

双行标题包括主题和副题，主题用来陈述事实或提出疑问，副题由调查课题名称和文种组成，如"新时期解决'三农问题'的创新与实践——关于南平市'科技特派员制度'的调查报告"。

2. 署名

所谓署名，即在标题下一行居中位置写上作者姓名、单位名称。如果是个人署名，那么可署于标题的右下方，也可署于文章的右下方。

3. 正文

科技调查报告的正文由前言、主体、结语三部分组成。

（1）前言。前言是科技调查报告的开头部分。前言的写法有概括介绍式、结论式、议论式、提问式等几种形式。所谓概括介绍式，即概括介绍调查对象的基本情况；所谓结论式，即在前言中先写调查报告的结论，再阐述主要事实；所谓议论式，即针对所调查的问题做简要的评述，再叙写事情的经过；所谓提问式，即开门见山，抓住中心，提出问题，引起读者的兴趣与思考。不管运用何种形式开头，都应该突出重点，力求精练，切入内容要旨。

（2）主体。主体是科技调查报告中篇幅最长、内容最重要的部分。这部分内容主要包括两大方面：一是调查所得的具体情况；二是分析得出的结论。科技调查报告主体部分常见的结构形式主要有下面三种：

①横式结构。所谓横式结构，即按照事物的逻辑关系把主体部分的内容分成几个小部分，加上序号或小标题，分别进行阐述。这种结构形式的优点是使文章条理清楚，层次感强，观点鲜明。它适用于内容较复杂、涉及面积较广的经验调查报告。

②纵式结构。所谓纵式结构，即按照事物发生发展的先后顺序组织材料、安排层次。这种结构形式的优点是使文章线索清楚、脉络分明，对事物的来龙去脉有较清晰的展现。它一般适用于情况调查报告。

③纵横式结构。所谓纵横式结构，即把纵式结构和横式结构结合起来，既按照事物的发展过程，又从事物的不同侧面或角度来写，纵横有机结合，以畅达文意。

（3）结语。科技调查报告的结语是全文的结尾部分，它可以用来概括全文的中心观点，也可以用来预测未来、提出希望，还可以用来做些补充说明。

2.11.2　写作注意事项

在撰写科技调查报告时，要深入调查，对材料的真实性要反复核实。如果了解的仅仅是事物的表象，那么得出的结论要么是假的，要么是非深层次的、本质的规律。

科技调查报告的撰写过程一般是这样的：先对事实进行概括叙述和简要说明；然后由事论理；最后得出结论。科技调查报告在表达上多采用夹叙夹议、叙议结合的方式。

在撰写科技调查报告时，必须选择具有典型意义的事实或材料，这样才具有现实意义和普遍指导意义。事实是否典型、所运用的材料是否典型，是决定科技调查报告成败的关键。材料如果不是典型的，就不能很好地揭示事实的本质和规律。

2.11.3　范文模板

关于光电产业发展的调查报告
××××　单位：××××

光电产业是一个新兴的高科技行业，其多元化应用技术产品作为智能产业的一个分支，未来有着广阔的市场发展空间和潜力。××××在查阅国内外有关文摘和论著，并参考国内其他地区发展光电产业有关情况的基础上，先后实地调研了××××、××××两家本地企业后，经过多次的讨论，几易其稿，形成了以下研究报告供决策参考。

一、光电技术的内涵、特点、应用和发展现状

……

二、光电技术发展趋势和下一步突破重点

……

三、××××区发展光电产业前景展望

……

2.12 科技预测报告

当前，科技迅猛发展，新的科技研究成果层出不穷，因此，掌握科技发展的规律性，预测科技发展的新趋势，变得愈加重要。科技预测报告可以在上述方面帮助我们。科技预测报告是以预示、估计和测定国际科技发展趋势为主要内容的科技报告类文书。

根据不同的分类标准，科技预测报告有以下几种分类：

（1）根据科技内容的不同，科技预测报告可以分为科学预测报告和技术预测报告两大类，其中，每一大类又可以做具体划分。比如，在科学研究方面，科学预测报告可以分为基础科学研究预测报告和应用科学研究预测报告，在技术革新方面，技术预测报告可以分为一般技术预测报告和高新技术预测报告等。

（2）根据科技发展趋势的不同，科技预测报告可以分为科学发展趋势预测报告或技术发展趋势预测报告、科学应用趋势预测报告或技术应用趋势预测报告等。

（3）根据所涉及的内容范围的不同，科技预测报告可以分为专题性的科学预测报告或技术预测报告、综合性的科学预测报告或技术预测报告。

（4）根据预测时间的不同，科技预测报告可以分为近期科学预测报告或技术预测报告、中期科学预测报告或技术预测报告和远期科学预测报告或技术预测报告。

2.12.1 格式写法

科技预测报告一般由标题、署名、正文三部分组成。

1. 标题

科技预测报告的标题有文章式标题和新闻式标题两种。

（1）文章式标题。所谓文章式标题，即用一句话揭示科技预测报告的核心内容或课题，如"人类急需九大科技产品"。

（2）新闻式标题。所谓新闻式标题，即用多行标题（一般包括引题、主题和副题）揭示科技预测报告的核心内容或课题，如：

90年代科技发展瞭望（引题）

航天时代的新星（主题）

载人空间站和空间平台（副题）

2. 署名

署名可以在标题之下，也可以在文章之末。

3. 正文

科技预测报告的正文一般由开头、主体、结语三部分组成。开头部分的内容一般包括资料来源、开篇导语、预测结果。主体部分的内容一般包括预测根据、对预测结论的具体说明。结语部分的内容一般包括总结或强调的有关内容。有的科技预测报告无结语。

2.12.2 写作注意事项

在撰写科技预测报告时，要时刻关注科技动态，了解当前科技发展状况，时时刻刻关注科技发展的新动向，特别是高新技术动向。

在撰写科技预测报告时，对某种科技成果或科技发展趋势的表述，要遵照常规和习惯。

2.12.3 范文模板

90年代科技发展瞭望

航天时代的新星——载人空间站和空间平台

庞之浩

1957年，苏联第一颗人造地球卫星升入太空，拉开了人类航天时代的帷幕。

30多年过去了，人们再也不怀疑这耗资巨大的航天活动的价值了，它除对社会发展、军事和科研有重要作用外，对国民经济的贡献也日益增大。据统计，美国每向航天事业投资1美元，10年后国民经济收益可增加14美元。美国使用气象卫星，每年可从120亿美元的自然灾害中挽回50亿美元。我国近年发射的通信卫星、气象卫星，其经济效益均数以亿计。

那么，20世纪90年代直至21世纪航天器如何进一步扩大功能，提高经济效益呢？世界各国的科学家进行了长期研究后普遍认为，今后应积极发展载人空间站和可有人照料的空间平台，逐渐淘汰人造卫星，即卫星式航天器。

发展航天器主要是为了利用太空的高远位置资源，来获取和转发信息（如通信、气象、侦察等）。这种开发较简单，卫星式航天器就能实现。但要想进一步开发高远位置、微重力、高真空、太阳能、小行星等空间资源，获取物质式能源，靠卫星式航天器就难以胜任了。此外，由于卫星式航天器升入太空后，一旦某个关键部件发生故障或燃料用完就无法维修和补给，同时在空中也很难更换有效载荷，从而阻碍了卫星式航天器的发展。于是，发展空间站和空间平台就成为大势所趋。

空间站最主要的特点是可以载人，因此，在空中可以对它进行维修、补给、更换、组装等。重要的是，人可以在上面进行一些在地球上无法或难以进行的科学实验和工业生产。如在空间站可以生产一种像泡沫塑料那样多孔的泡沫钢，它同普通钢一样坚硬，但又能像泡沫塑料一样浮在水面。空间站还可以作为通往其他星球的中转站。如苏美准备合作在空间站上组装飞往火星的飞行器。

现在，空间站已经发展到第二代，即采用复合式构型，它是一种由一个主舱和几个单独发射的科学舱在轨道上交会对接组合而成的，其典型代表就是苏联和平号空间站。20世纪内，美国还将研制第三代空间站，即桁架挂舱式空间站，它可以根据需要不断扩展，具有永久性，各种大型设备均可在其上面"安营扎寨"，是开发太空的理想大型基地。

空间平台是美国科学家提出的。它设有对接器，能接受航天飞机等运输器提供的空中服务。因而它能像组合柜一样不断扩展，这意味着一个空间平台能同时装载运行通信、天文、气象等各种设备，一个空间平台相当于数颗卫星。当然它与卫星又不同，它可经常接受人的照料，不断加注燃料、修复部件、更新载荷，完成各种复杂的太空开发任务，如空间生产、武器试验等。计算表明，通信平台每条话路每年的费用比通信卫星低约99.7%。其主要原因是空间平台可安装各种大型天线和多波段设备，从而简化地面设备。

空间平台的研制已经初露端倪。美国去年发射的哈勃望远镜可谓是天文平台的雏形。明年美国将发射和回收欧洲尤里卡平台。美国耗资150亿～300亿美元的地球观测使命计划也将主要由空间平台来完成。

空间平台和空间站有一本质区别就是：空间站上有良好的生命保障系统，可以长期载人；而空间平台则只是一种能受人短期照料的航天器，其上仅有比较简单的生命保障系统。这就决定了两者在应用中各有千秋。在空间站适合进行更为复杂、变化多端的科研和生产。而空间平台由于没有人为的衣食住行带来的污染和干扰，这对于空间产品的超净加工和精确的观测都极为有利。若把它们组成一个系统则可优势互补。比如，在20世纪末将建成的美国自由号空间站就是这样设计的。在自由号空间站的同一轨道平面内和极轨上将同时运行好几种平台，这种协同作战的好处是，可利用空间站载人优势在站上组装大型载荷式平台本身，然后用轨道运输器把它们送到指定轨道工作，平台工作期间，空间站可作为它的补给、维修基地。

总之，发展空间站和空间平台是提高航天效益的根本途径，中国航天科技界也将积极开展这方面的跟踪研究。

（本文引自《实用文书写作大全》）

第 3 章 技术合同类文书

技术合同是平等主体的自然人、法人、其他组织之间，因技术开发、转让、咨询或服务等产生的有关民事权利与义务关系的协议。技术合同发生在研究开发、成果转化、推广应用，以及利用科技知识、信息、经验为经济建设和社会发展提供的咨询服务活动之中。

本章主要介绍技术开发合同、技术转让合同、技术咨询合同、技术服务合同、科技协定、科技协议等技术合同类文书。

3.1 技术开发合同

技术开发合同是指当事人之间就新技术的研究开发而订立的合同。技术开发合同的标的是当事人之间尚待研究开发的技术成果。研究开发成果创新程度的把握、知识产权的归属与分享、研究开发风险的承担等问题是技术开发合同需要确定的重要内容。

技术开发的内容包括新技术、新产品、新工艺、新材料及其系统的研究，或者产品、工艺、材料等在技术上的创新，所以，改进现有产品型号、改变工艺流程、调整材料配方都不属于技术开发。

技术开发合同的成果是创造性的新成果，这种成果的取得本身就具有相当的难度，具有或然性。如果开发研究方尽了最大努力，仍因技术难度大而未能取得合同约定的预期成果，那么应由合同双方共担风险，当然，当事人也可以约定风险责任的承担。

根据开发方式的不同，技术开发合同可分为委托开发合同和合作开发合同。

委托开发合同是一方当事人委托另一方当事人进行技术研究开发所订立的合同。委托开发合同的委托人应当按照合同约定支付研究开发经费和报酬，提供技术资料、原始数据，完成协作事项，接受研究开发成果；委托开发合同的研究开发人应当按照合同约定制订和实施研究开发计划，合理使用研究开发经费，按期完成研究开发工作，交付使用研究开发成果，提供有关的技术资料和必要的技术指导，帮助委托人掌握研究开发成果。当委托开发合同的当事人违反合同约定造成研究开发工作停滞、延误或者失败时，其应当承担违约责任。

合作开发合同是当事人各方就共同进行技术研究开发所订立的合同。合作开发合同各方应当按照合同约定投资。所谓投资，即当事人以资金、设备、材料、场地、技术情报资料、专利权、非专利技术成果等方式对研究开发项目所做的投入。以资金以外的形式投资的，应当折算成相应的金额，明确当事人在投资中所占的比例。合作开发合同各方应按照合同约定的分工参与研究开发工作，并相互协作配合。若一方当事人仅提供资金、设备、材料等物质条件，或者承担辅助协作事项，他不能算合作开发合同的当事人。合作开发合同的各方当事人应保守技术情报、资料和技术成果的秘密。当合作开发合同的当事人违反合同约定造成研究开发工作停滞、延误或者失败时，其应当承担违约责任。

3.1.1 格式写法

技术开发合同一般由首部、正文、落款三部分组成。

1. 首部

技术开发合同的首部包括标题和签订合同主体。

（1）标题。技术开发合同的标题可以写"××××技术开发合同"，也可以写"××××项目开发合同"。需要注意的是，应当在标题中体现出是委托开发合同还是合作开发合同。

（2）签订合同主体。签订合同主体，即签订合同的单位或个人。另外，为了行文的方便，习惯上规定一方为甲方，另一方为乙方，如有第三方，可简称丙方。

2. 正文

正文是技术开发合同的核心部分，一般包括前言和合同条款。

（1）前言。前言一般概括叙述订立该合同文本的目的和依据。

（2）合同条款。合同条款是技术开发合同的主体，一般应具备以下内容：项目名称；技术内容、形式和要求；研究开发计划及进度；履行的期限、地点和方式；研究开发经费或者项目投资的数额及其支付、结算方式；技术情报和资料的保密；技术成果的归属和分享；验收标准和办法；风险责任的承担；报酬的计算及其支付方式；违约责任，以及违约金或者损失赔偿额的计算方法；技术指导和技术协作的内容；争议的解决方法；名词和术语的解释；合同文本份数及保存者；等等。就已列入国家计划的项目而订立的合同，它的正文结尾还应附上项目计划书、任务书及主管部门的批准文件。

3. 落款

落款处需要注明签约各方单位的全称、地址、法定代表人姓名、联系人、电话、银行账号等，并需要各方单位盖章、法定代表人签字，同时注明签订合同的日期。

3.1.2　写作注意事项

无论是委托开发合同，还是合作开发合同，都要写明合同各方的主要义务，以及违反合同所应承担的责任。

在订立合作开发合同时，对于开发中的发明创造和技术成果，要明确地规定所属人。

3.1.3　范文模板

××××有偿科研项目合同

委托单位：××××（以下简称甲方）
承担单位：××××（以下简称乙方）
保证单位：××××（以下简称丙方）

为了调动科研单位的积极性，确保科研经费的合理使用，明确甲、乙、丙三方的责任，促使科研项目早出成果，出好成果，经甲、乙、丙三方充分协商，特签订本合同，以便共同遵守。

一、科研项目的主要内容

…………

二、科研项目在国内外的现状、水平及发展趋势（或科研项目的重要意义）

…………

三、技术经济指标和经济效益、社会效益分析

…………

四、科研项目所采用的研究方法和技术路线（包括工艺流程）

…………

五、计划进度（分阶段解决的主要技术问题、达到的目标和完成的时间）

…………

六、科研项目的参加单位及分工

…………

七、所需主要材料、物质条件

…………

八、经费概算

…………

九、分期用款（甲方拨给部分）计划

…………

十、有关单位、专家的评议意见

…………

十一、共同条款

1. 乙方必须于期限满××年之前××日内，向甲方和丙方提出全年的合同执行情况的正式报告。科研任务完成后××日内，乙方必须按合同规定的内容向甲方提出执行情况的总报告，并向甲方提交完整的科研技术资料，同时抄报丙方。

2. 甲方审查乙方完成上一年（或上一阶段）科研任务属实后，应按合同规定的时间、数量拨付下一年（或下一阶段）的科研经费，并按比例下达所需材料指标。

3. 有关部门如果资助乙方科研经费，其收益分配方法，由资助方与乙方另签合同规定。

4. 科研项目完成后，乙方对甲方所拨经费，采取如下办法偿还：

....

5. 合同执行过程中，甲方非因国家计划改变，中途无故撤销或不履行合同，其所拨经费不得追回，并得承担乙方善后处理所支付的各项费用。甲方如无故拖延拨付科研经费，拖延一天，必须按所欠应拨经费的××%向乙方偿付违约金，并应承担乙方因此所受的损失。

乙方如无故撤销或不履行合同，或不能完成本科研任务，应根据具体情况，部分或全部退还甲方所拨付的科研经费；乙方如拖延完成科研任务或偿还给甲方科研经费的时间，每拖延一天，应按甲方拨付科研经费的××%向甲方偿付违约金。

乙方如不按合同规定的时间、数量向甲方偿付科研经费或违约金，丙方应连带承担向甲方偿付的责任。

6. 本合同如有未尽事宜或需修改某项条款，须经甲、乙、丙三方共同协商，进行补充或修改，任何一方均不得擅自修改合同。本合同在执行过程中如发生争议，应由合同各方的上级领导部门协商解决，协商解决不成，提交合同管理机关仲裁或提交法院裁决。

7. 合同各方对本科研项目的一切资料负有保密责任，未经有关部门批准，不得引用科研项目的数据、科研成果及其他有关资料。

本合同正本一式××份，甲、乙、丙三方各执××份；合同副本一式××份，分送××××各留存一份。乙方就本科研项目与其他资助科研经费单位所签订的合同，须向甲、丙方交送一份副本留存。

委托单位（盖章）：××××　　承担单位（盖章）：××××
　　　　地址：××××　　　　　　　　地址：××××
法定代表人（签字）：×××　　法定代表人（签字）：×××
　　　联系人：×××　　　　　　　　联系人：×××
　　　　电话：××××　　　　　　　电话：××××
　　　银行账号：××××　　　　　银行账号：××××
　　××××年××月××日　　　　××××年××月××日

保证单位（盖章）：××××
地址：××××
代表人：（签字）×××
联系人：×××
电话：××××
银行账号：××××
××××年××月××日

3.2 技术转让合同

技术转让合同是合法拥有技术的权利人，将现有特定的专利、专利申请、技术秘密的相关权利让与他人所订立的合同，包括专利权转让合同、专利申请权转让合同、技术秘密转让合同等。

3.2.1 格式写法

技术转让合同一般由首部、正文、落款三部分组成。

1. 首部

技术转让合同的首部一般包括标题，项目名称，签约双方单位的法定代表人、项目联系人、联系方式等。其中，技术转让合同标题的格式较简单，可以直接写"技术转让合同"；也可以在"技术转让合同"之前加上对应的技术名称，如"××××技术转让合同"。

2. 正文

不同的技术转让合同，其正文的内容也不尽相同

（1）专利权转让合同正文的内容一般包括：项目名称；发明创造名称和内容；专利申请日、申请号；专利批准日、专利号和专利的有效期限；专利实施和实施许可的情况；技术情报和技术资料的清单；专利的价款及其支付方式；违约金或者损失赔偿额及其计算方法；专利权如果被宣告无效应承担的责任；争议的解决方法；等等。

（2）专利申请权转让合同正文的内容一般包括：项目名称；发明创造名

称和内容；技术情报和技术资料的清单；专利申请被驳回的责任；价款及其支付方式；违约金或者损失赔偿额及其计算方法；争议的解决方法；等等。

（3）技术秘密转让合同正文的内容一般包括：项目名称；非专利技术的内容、技术情报和技术资料的清单及其提交期限、地点和方式；技术秘密的范围和保密期限；使用非专利技术的范围；使用费及其支付方式；技术的验收标准和方法；违约金或者损失赔偿额及其计算方法；技术指导的内容；争议的解决方法；等等。

3. 落款

落款处需要注明受让方与转让方单位的全称及其法定代表人姓名，并需要双方单位盖章、法定代表人签字，同时注明签订合同的日期。

3.2.2 写作注意事项

技术转让合同中应详细规定技术的有关情况，便于受让方和转让方履行，此处的"技术的有关情况"包括：技术项目的名称；技术的主要指标、作用或者用途；关键技术；生产工序流程；注意事项；等等。

在订立技术转让合同时，为避免纠纷，应当明确转让或者许可的范围。

3.2.3 范文模板

技术转让合同

项目名称：××××

受让方（甲方）：××××

地址：××××

法定代表人：×××

项目联系人：×××

电话：××××

地址：××××

传真：××××

电子信箱：××××

转让方（乙方）：××××

地址：××××

法定代表人：×××

项目联系人：×××

电话：××××

地址：××××

传真：××××

电子信箱：××××

本合同乙方将其拥有××××项目的技术秘密××××（使用权、转让权）转让甲方，甲方受让并支付相应的使用费。双方经过平等协商，在真实、充分地表达各自意愿的基础上，根据《中华人民共和国合同法》的规定，达成如下协议，并由双方共同恪守。

（一）乙方转让甲方的技术秘密内容如下：

1. 技术秘密的范围

　…………

2. 技术指标和参数

　…………

3. 技术秘密的工业化开发程度

　…………

（二）为保证甲方有效实施本项技术秘密，乙方应向甲方提交以下技术资料：

　…………

（二十四）本合同一式××份，具有同等法律效力。

（二十五）本合同经双方签字盖章后生效。

　　　甲方（盖章）：××××　　　　　乙方（盖章）：××××
　　法定代表人（签字）：×××　　　法定代表人（签字）：×××
　　　　××××年××月××日　　　　　××××年××月××日

3.3 技术咨询合同

技术咨询合同是当事人的一方为另一方就特定技术项目提供可行性论证、技术预测、专题技术调查、分析评价报告所订立的合同。在技术咨询合同中，受托方，又叫顾问方，为提供咨询服务的一方，委托方为接受咨询服务的一方。技术咨询合同的顾问方利用自己掌握的知识、技术、经验和信息为委托方提供咨询报告，解答技术难题，提供决策参考，委托方根据合同约定给予顾问方相应的报酬。技术咨询合同的标的包括可行性论证、技术预测、专题技术调查、分析评价报告等。

技术咨询合同的委托方应详细阐明咨询的问题及要点，并按照合同约定提供技术背景材料及有关技术资料、数据，为顾问方进行调查、论证提供必要的工作条件。在接到顾问方要求补充、更换不符合合同约定的技术资料、数据或者工作条件的通知时，应按顾问方的要求或者双方商议的期限进行补充、更换。

技术咨询合同的顾问方应利用自己的知识，按照合同约定按期完成咨询报告或者解答委托方的问题，同时，确保提出的咨询报告和意见符合合同约定的条件。

3.3.1 格式写法

技术咨询合同一般由首部、正文、落款三部分组成。

1. 首部

技术咨询合同的首部一般包括标题、项目名称、签约双方单位的名称等。

2. 正文

技术咨询合同的正文一般包括以下内容：咨询内容、形式和要求；履行的期限、地点和方式；委托方协作顾问方完成的事项；报酬及其支付方式；顾问方提供的技术情报和技术资料的清单；双方对技术情报和技术资料的保密义务；对技术咨询成果的验收、评价方法；违约金或者损失赔偿额及其计算方法；技术成果的归属；咨询报告的实施风险责任；争议的解决方法；等等。

3. 落款

落款处需要注明签约双方单位的名称和地址、负责人姓名、签订日期和地点、开户银行的名称和账号等，并签字盖章。

3.3.2 写作注意事项

为了确保咨询报告和意见符合技术咨询合同约定的条件，顾问方应当对技术项目进行调查、论证，一旦发现委托方提供的技术资料、数据有明显错误和缺陷，应当及时通知委托方补充、修改。

3.3.3 范文模板

××××技术咨询合同

项目名称：××××

委托方：××××

顾问方：××××

双方当事人经过平等协商，在真实、充分地表达各自意愿的基础上，根据《中华人民共和国合同法》的规定，达成如下协议，并由双方共同恪守。

一、咨询内容

…………

二、委托方的主要义务

1. 自本合同生效后××日内，向顾问方提供下列技术资料：

…………

2. 向顾问方支付报酬共××××元，可分期支付，具体方式如下：

…………

三、顾问方的主要义务

1. 在××××年××月××日前完成咨询报告或解答委托方提出的问题。

2. 保证提交的咨询报告符合下列要求：

…………

四、保密条款

1. 本合同有效期内，双方当事人应对下列技术资料承担保密义务：
　……

2. 本合同期满后××年内，双方当事人应对下列技术资料承担保密义务：
　……

五、验收标准和方式
　……

六、委托方的违约责任
　……

七、顾问方的违约责任
　……

八、有关技术成果归属方面的问题

在履行本合同过程中，顾问方利用委托方提供的技术资料和工作条件所完成的新的技术成果，除合同另有约定外，属于顾问方；委托方利用顾问方的工作成果所完成的新的技术成果，除合同另有约定外，属于委托方。对新的技术成果享有所有权（或者持有权）的一方当事人，可依法享有就该技术成果取得的精神权利（如获得奖金、奖章、荣誉证书的权利）、经济权利（如专利权、非专利技术的转让权，使用权等）和其他利益。

九、咨询报告的实施风险责任

委托方在实施顾问方提供的经过验收合格的咨询报告和意见过程中出现的不良后果和经济损失，由委托方承担责任。

十、本合同争议的解决方法
　……

十一、名词和术语的解释
　……

本合同自双方当事人签字、盖章后生效。

委托方：××××　　　　　　　顾问方：××××
地址：××××　　　　　　　　地址：××××
负责人（签字）：×××　　　　负责人（签字）：×××
签订日期：××××年××月××日　签订日期：××××年××月××日

　　　　　　　　签订地点：××××　　　　　　签订地点：××××
　　　　　　　　开户银行：××××　　　　　　开户银行：××××
　　　　　　　　账号：××××　　　　　　　　账号：××××

　　　　　委托方担保人（名称）：××××　顾问方担保人（名称）：××××
　　　　　　　　地址：××××　　　　　　　　地址：××××
　　　　　　　　负责人（签字）：×××　　　负责人（签字）：×××
　　　　　签订日期：××××年××月××日　签订日期：××××年××月××日
　　　　　　　　签订地点：××××　　　　　　签订地点：××××
　　　　　　　　开户银行：××××　　　　　　开户银行：××××
　　　　　　　　账号：××××　　　　　　　　账号：××××

3.4　技术服务合同

　　技术服务合同是当事人的一方以技术知识为另一方解决特定技术问题所订立的合同。在技术服务合同中，受托方，又叫服务方，为提供技术服务的一方，委托方为接受服务的一方。

　　技术服务合同的服务方提供技术服务的范围很广。服务方既可为委托方完成专业技术工作，解决有关改进产品结构和工艺流程、提高产品质量、降低产品成本等技术问题；也可为委托方进行产品设计、人员培训、资料翻译、技术指导等科技活动。

　　技术服务合同的主要特征是服务方提供智力劳动，向委托方传授并不享有专利权的一般科技知识和经验，以帮助委托方解决相应的技术问题，委托方据此向服务方支付报酬。技术服务合同的标的是为解决实际技术问题提供服务的专业技术工作。

3.4.1　格式写法

　　技术服务合同一般由首部、正文、落款三部分组成。

1. 首部

技术服务合同的首部一般包括标题、项目名称、签约各方单位的名称、签订地点和日期、有效期限等。其中,标题既可以直接写"技术服务合同";也可以写"××××技术服务合同";还可以写"××××合同",如"员工培训合同"。

2. 正文

技术服务合同正文包括前言和合同条款。

(1) 前言。前言主要概括订立技术服务合同的依据。

(2) 合同条款。技术服务合同条款包括如下内容:服务内容、方式和要求;工作条件和协作事项;履行期限、地点和方式;验收标准和方式;报酬及其支付方式;违约金或者损失赔偿额及其计算方法;争议的解决方法;等等。

3. 落款

落款处需要注明签约各方单位的名称、法定代表人姓名、联系人姓名、地址、电话、开户银行的名称和账号、邮政编码等,并签字盖章。

3.4.2 写作注意事项

在订立技术服务合同时,应当约定工作条件、配合事项、衡量工作成果的具体的质量和数量指标。

在技术服务合同中,有关专业技术知识的传递不涉及专利和技术秘密成果的权属问题。

技术服务合同可由委托方直接与服务方协商约定后签订,也可以由委托方通过中介与服务方协商签订。不过,不管采用什么方式,都必须符合技术服务合同的特征,且不得遗漏其主要条款。

3.4.3 范文模板

技术服务合同

项目名称:××××

委托方:××××

服务方：××××

中介方：××××

签订地点：××××

签订日期：××××年××月××日

有效期限：××××年××月××日至××××年××月××日

依据《中华人民共和国合同法》的规定，合同双方就××××项目的技术服务（该项目属××××计划），经协商一致，签订本合同。

一、服务内容、方式和要求

....

二、工作条件和协作事项

....

三、履行期限、地点和方式

....

四、验收标准和方式

技术服务或者技术培训按××××标准，采用××××方式验收，由××××方出具服务或者培训项目验收证明。

本合同服务项目的保证期为××××。在保证期内发现服务质量缺陷的，服务方应当负责返工或者采取补救措施，但因委托方使用、保管不当引起的问题除外。

五、报酬及其支付方式

（一）本项目报酬为××××元。服务方完成专业技术工作，解决技术问题需要的经费，由××××方负担。

（二）本项目中介方活动费为××××元，由××××方负担。中介方的报酬为××××元，由××××方支付。

（三）支付方式：

①一次总付：××××元，时间：××××年××月××日

②分期支付：××××元，时间：××××年××月××日

　　　　　　××××元，时间：××××年××月××日

③其他方式：××××

六、违约金或者损失赔偿额及其计算方法

……

七、争议的解决方法

在合同履行过程中发生争议，双方应当协商解决，也可以请求××××进行调解。

当事人不愿协商、调解解决或者协商、调解不成的，双方商定，可采用以下方式解决：

（一）因本合同所发生任何争议，申请××××仲裁委员会仲裁；

（二）按司法程序解决。

八、其他（含中介方的权利、义务、服务费及其支付方式、定金财产抵押及担保等上述条款未尽事宜）

……

委托方：××××　　　　服务方：××××
法定代表人（签字）：×××　　法定代表人（签字）：×××
联系人：×××　　　　联系人：×××
地址：××××　　　　地址：××××
电话：××××　　　　电话：××××
开户银行：××××　　开户银行：××××
账号：××××　　　　账号：××××
邮政编码：××××　　邮政编码：××××

中介方：××××
法定代表人（签字）：×××
联系人：×××
地址：××××
电话：××××
开户银行：××××
账号：××××
邮政编码：××××

3.5 科技协定

科技协定是契约性文书的一种，一般是国家、政府、政党或团体之间为发展科技事业或完成某项科技工作，经过谈判取得一致意见之后形成的契约性条款。

虽然科技协定不像科技合同那样郑重、具体，但是它具有一定的法规性，故需要经过认真协商方可订立。

3.5.1 格式写法

科技协定一般由标题、正文、落款三部分组成。

1. 标题

通常情况下，科技协定的标题由签订协定双方单位的名称、事由和文种组成，如"××××公司与××××局合作开发××××协定"。

2. 正文

科技协定的正文一般由前言、主体、结尾三部分组成。

（1）前言。前言，即正文的开头部分，需要简单地说明订立协定的依据、目的等。在此部分，关于依据的内容多用"基于……""根据……""考虑到……"的句式表达；关于目的的内容多用"为了……"的句式表达。

（2）主体。主体，即科技协定的具体条文，一般分条列款表述。此部分应详细、准确地写下双方协商一致的条款，明确协定的宗旨、双方的责任和义务、双方共同要做的事情，以及其他注意事项等。

（3）结尾。在正文的最后要交代清楚协定的生效日期、有效期限签订日期、份数等。

3. 落款

落款处需要注明签订协定双方单位的全称及其代表姓名和职务、协定签订日期。若正文结尾处已注明协定签订日期，则此处可将其省略。

3.5.2 写作注意事项

在订立科技协定时，一定要保证条款的统一，并要注意用语明确。

3.5.3 范文模板

××国政府和××国政府

科学技术合作协定

××国政府和××国政府（以下称缔约双方），根据……达成协议如下：

第一条

一、缔约双方根据本协定在平等、互利和互惠的基础上发展合作。

二、本协定的主要目的是为在共同感兴趣的科学技术领域进行合作提供广泛的机会，从而促进科学技术的进步，有益于两国和人类。

第二条

根据本协定可在农业、能源、空间、卫生、环境、地学、工程和双方同意的其他科学技术和科技管理，以及教育和学术交流方面进行合作。

第三条

根据本协定，合作可包括：

……

第四条

按照本协定的目的，缔约双方应在适当范围内，对两国的政府部门、大学、组织、机构及其他单位间发展往来和合作，以及对这些团体进行合作活动签订协议予以鼓励和提供方便。双方将进一步促进与这种合作一致的、适当的、互利的双边经济活动。

第五条

执行本协定的具体协议可包括合作的题目、应遵循的程序、知识产权的处理、经费以及其他适当的事项。关于经费，应按一致同意的办法负担费用。根据本协定进行的一切合作活动，将取决于所能获得的经费。

第六条

根据本协定进行的合作活动应服从于各自国家的法律和规定。

第七条

缔约双方将尽最大的努力就本协定的合作活动给……

第八条

除根据……外，由本协定合作活动所产生的科学技术情报可按通常的途径，根据参加单位的正常程序提供世界科学界使用。

第九条

经双方一致同意，可邀请第三国或国际组织的科学家、技术专家和单位参加根据本协定所进行的计划和项目。

第十条

一、缔约双方建立一个××××科学技术合作联合委员会，并由××××、××××双方组成。缔约双方各指定委员会的一位主席和若干委员。委员会将为自己的活动通过一些程序，通常每年召开一次会议，轮流在××国和××国召开。

二、委员会规划和协调科学技术合作，并检查和协助这种合作。委员会还要考虑在具体领域内进一步发展合作活动的建议，向双方推荐计划和措施。

三、委员会为执行其职能，必要时可设立临时的或常设的联合小组委员会或工作小组。

四、在委员会休会期间，经双方同意可对已经批准的合作活动进行补充和修改。

五、缔约双方各自指定一个执行机构，以协助联合委员会。××国方面的执行机构是科学技术政策办公室，××国方面的执行机构是国家科学技术委员会。执行机构应紧密合作，以促进各项计划和活动的正常执行。缔约双方的执行机构负责协调各自一方的这些计划和活动的执行。

第十一条

一、本协定自签字之时起生效，有效期为××年。经双方一致同意，本协定可予以修改和延长。

二、本协定的终止并不影响根据本协定制定的任何在执行的协议的效力或有效期。

本协定于××××年××月××日在××××签订，一式××份，每份都用中文和英文写成，两种文本具有同等效力。

　　　　　　　××国政府代表　　　××国政府代表
　　　　　　　　　×××　　　　　　×××
　　　　　　　　　（职务）　　　　　（职务）

3.6　科技协议

　　科技协议是政府、企事业单位、科研单位及个人之间，为了开展科技工作或实现某项科研目标，经过双方认真协商，最终达成一致意见，以条款的形式记录下来，并经双方签订确认，须共同遵守的一种契约性文书。

　　科技协议是一种契约性文书，不具有强烈的法规性，也不像科技协定那样，要做详细的阐述，但是，它仍有一定的约束性。

3.6.1　格式写法

　　科技协议一般由标题、正文、落款三部分组成。

1. 标题

　　科技协议的标题通常由签订协议各方单位的名称、事由和文种组成，如"××××科学院和××××学会科学合作协议"。另外，标题中的签订协议各方单位的名称也可省去，此时标题可直接写成"××××协议"。

2. 正文

　　科技协议的正文一般由前言、主体、结尾三部分组成。

　　（1）前言。前言要简单陈述订立协议的宗旨、根据及意义。

　　（2）主体。主体要以条款的形式逐一列出协商达成的一致意见，明确协议的内容、条件、具体工作形式，以及各方的共同想法和意向等。

　　（3）结尾。结尾要注意交代清楚协议的生效日期、签订日期、份数等。如果有附件，还要写上附件名称及份数。还有一些科技协议会注明有效期限、经谁签字生效等。

3. 落款

如果是政府之间的协议，落款处需要注明签订协议的国家全称及其代表姓名、职务，并需要双方代表签字；如果是单位之间的协议，签订协议各方单位的代表需要在落款处签字，加盖公章，并注明签订日期。若正文结尾处已注明协议签订日期，则此处可将其省略。

3.6.2　写作注意事项

由于科技协议是一种契约性文书，一旦签订，就具有法律效力，因此其内容必须遵守国家法律、法令，符合国家政策要求，任何单位和个人都不能以协议为名进行违法活动。

科技协议的签订必须出于当事人的真正意愿，在双方自由表达意志的基础上，经过充分协商而达成协议；同时，要体现协作的精神，遵循等价有偿的原则，符合价值规律的要求。

3.6.3　范文模板

××国科学院和××××学会科学合作协议

第一条

一、为了进一步发展双方的友好合作关系，××国科学院和××××学会同意……交换高级科学家进行短期访问和讲学；交换初级科学家进行适当时期的研究学习；举办学术研讨会或其他研究会议；进行共同研究项目；交换科学资料和出版物。

二、鼓励科学家研究室以及研究所之间的直接联系和合作。

三、所有交换的科学家将参加所从事的全部科研项目，包括发表他做出贡献的研究成果。

第二条

…………

第三条

…………

第四条

……

第五条

……

第六条

本协议自签字之日起生效。从××××年××月××日起，有效期为××年。在期满前××个月，如未以书面形式废除，则本协议将自动延长××年。双方在任何时候都可根据协议执行情况和会后合作交换意见……

本协议于××××年××月××日在××××签字，共××份，每份都用中文和英文写成，两种文本具有同等效力。

  ××国科学院代表   ××××学会代表
    ×××   ×××
   （职务）   （职务）

第 4 章 科技管理类文书

在开展科技活动、科技工作、日常科技管理工作的过程中，必然会产生各种各样的有关科技事务管理的应用文体，这些应用文体统称科技管理类文书。很显然，科技管理类文书是在日常科技管理工作中所形成、使用的有关应用文体，该类文书主要用于处理科技事务，进行科技管理工作。

本章主要介绍科技计划、科技总结、科技简报、科技会议纪要、科研计划任务书、学术演讲稿等科技管理类文书。

4.1 科技计划

科技计划是科技机关、企业或个人，结合本单位或个人的实际情况，对未来一定时期内的科技工作或某项科技活动做出预想性的部署和安排的事务性文书，即为了完成规定的科技工作目标或任务，将预先拟定的措施、实施内容、实施步骤等用书面形式表达出来的应用文体。

因内容和期限的不同，计划具有不同的名称：设想，即对长远工作制订的粗线条的、草案性的计划；规划，即具有全局性的、轮廓式的长远计划；打算，即对短期工作制订的要点式计划；安排，即对短期工作进行具体布置的计划；要点，即列出主要工作目标的计划；方案，即从目的、要求、工作方法到工作步骤对专项工作做出全面部署与安排的计划。以上这些名称同样适用于科技计划。

科技计划是先于实践活动所提出的科学的、切实可行的方案，是行动的纲领、实践的依据，具有一定的约束力，对完成科技工作或活动具有指导作用。任何计划都不是一成不变的，它受实践检验，要根据千变万化的客观情况及时调整，使之切实可行。

4.1.1 格式写法

按表现形式的不同，科技计划可分为表格式科技计划、条文式科技计划、文表结合式科技计划。其中，在制订表格式科技计划时，要先把各项工作内容分成几个栏目，再把制订好的各项具体计划内容填写进栏目中，形成表格。表格式科技计划的写法适用于时间较短、范围较小、方式变化不大、内容较单一的小型科技计划，如专项科技计划、季度科技计划等。文表结合式科技计划，即表格式和条文式相结合的科技计划，它的写法也较为简单：一般是将各计划内容填进表格后，再用简短文字进行解释说明。

条文式科技计划的写法比表格式科技计划、文表结合式科技计划的写法复杂些，它一般由标题、正文、落款三部分组成。

1. 标题

科技计划的标题一般由制订计划单位的名称、计划适用时间和文种组成，如"××××研发中心××××年科技计划"，其中，"××××研发中心"是制订计划单位的名称，"××××年"是计划适用时间。

如果科技计划还没有正式讨论通过，或未经上级批准，则可在标题的后面或下一行用括号加注"草案""初稿""供讨论用"等字样。

2. 正文

通常情况下，科技计划的正文由前言、主体、结尾三部分组成。正文是科技计划的核心部分，这一部分主要回答三个问题："为什么做？做什么？怎么做？"

（1）前言。前言，又叫序言，主要用来说明制订科技计划的指导思想，以及确定未来一段时间科研工作的主要任务等。前言要写得言简意赅，如果是简要的科技计划，前言部分可略去。

（2）主体。主体的内容主要包括具体的目标、任务和要求。在写主体部分的过程中，首先，要提出明确的目标及任务；其次，要说明完成目标、任务的措施或步骤，这里需要详细地说明完成任务的具体措施、行动步骤、时间分配、资源安排等；最后，要阐述实施计划过程中的其他事项。

（3）结尾。结尾有两种写法：一种是用关键问题收尾，即指出科技计划中的重点任务与实施关键,以保证有重点地完成任务;另一种是在结尾处提出号召,即指出执行科技计划的有利条件和不利条件,并提出圆满完成计划的希望和号召。

3. 落款

在落款处注明制订计划单位的名称和日期。如果在标题中已注明制订计划单位的名称,那么在落款处可省略它。

4.1.2 写作注意事项

在制订科技计划时,首先要确立好目标。在确立目标时,切忌不要写一些空话和口号,最好能用数据来表述,这样才会比较清楚、具体,在工作结束后也才能有可以用于检验计划完成情况的指标。

在制订科技计划时,要保证完成计划的各项措施,如准备工作、具体步骤、任务分配、人员分工、时间安排等,都必须紧紧围绕既定目标和所定任务来制定,切不可脱离目标和任务随意制定。

在制订科技计划时,语言表达要明确、具体,做到定事、定人、定时、定量、定质,切忌含糊不清、模棱两可,使人无所适从,甚至产生歧义。

在制订科技计划时,文字一定要精练,尤其是在措施部分,要重点说明"做什么""怎么做",不要过多地阐述"为什么要这样做"。

4.1.3 范文模板

××××科技局××××年科技计划

××××年是实施××××规划的开局之年,也是××××的第一年。今年科技工作的总体思路是:以××××为指导,深入贯彻××××重要讲话精神,按照××××战略布局,贯彻××××发展理念……推进科技成果向现实生产力转化,激发大众××××活力,提升科技进步对经济增长的贡献率,为××××创新体系建设提供更加有力的支撑。重点抓好以下工作:

一、深化科技体制改革,提高科技资源配置效率

(一)根据××××深化科技体制改革相关文件,制定……

（二）……
……

二、构建科技创新体系，推动科技成果转移、转化
……

三、构建科技创新平台，激发区域创新活力
……

四、以项目为抓手，服务经济社会发展
……

五、争取上级科技支持力度，推进创新战略联盟建设
……

七、强化农业科技创新，推进现代农业发展
……

八、加强创新型人才培养，加快科技创新人才队伍建设
……

九、充分发挥××××的平台作用
……

十、大力实施知识产权战略，发展和保护知识产权
……

十一、强化××××工作，增强××××能力
……

十二、强化科学技术宣传，提高全社会科技意识
……

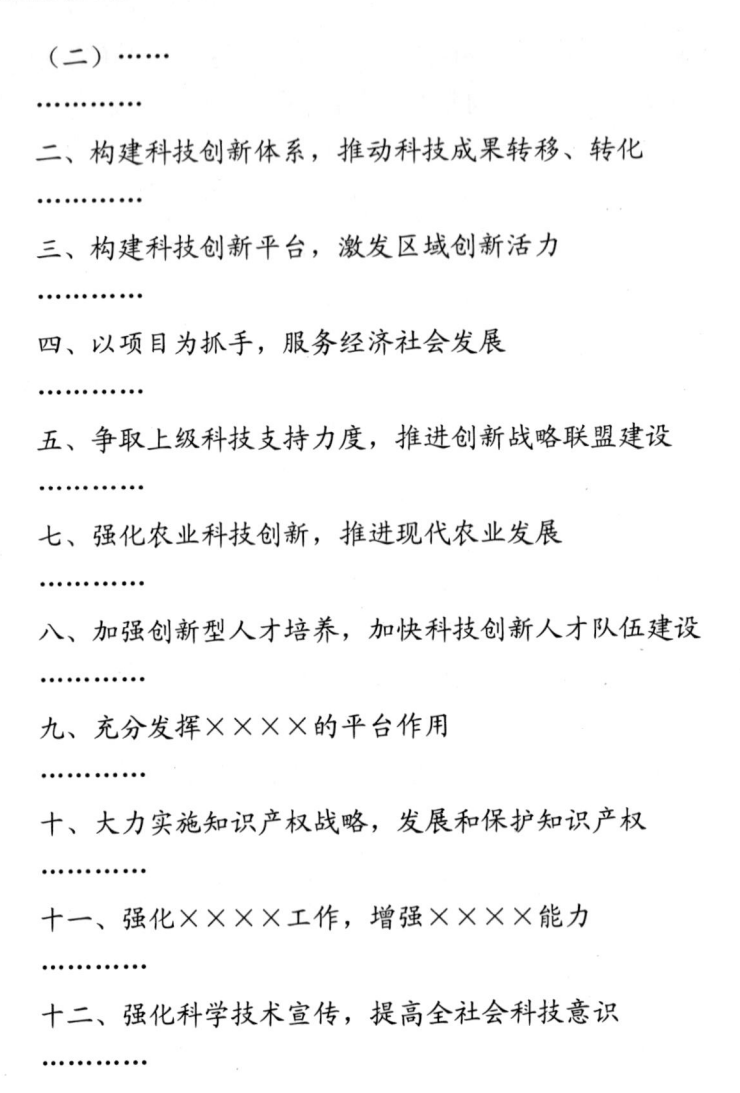

××××年××月××日

4.2　科技总结

　　总结是各级党政机关、人民团体、企事业单位或公务员个人经常使用的一种文体，主要用于对一定阶段内的工作或某项工作的完成情况进行系统的回顾、分析研究，从中找出具体的经验与教训，发现某些工作规律或缺点、

错误产生的原因，从而调整改革与前进的方向，为今后的工作提供帮助和借鉴。科技总结是总结延伸在科技领域的一个分支。它是指将前一阶段或一定时期内的科技工作所取得的成绩与经验、存在的问题、今后的要求、改进的措施等，以书面形式反映出来的文字材料。

按照不同的标准，科技总结可分为不同的类型。按照内容的不同，科技总结可分为科研总结、工作总结、生产总结、教学总结、财务总结、学习总结等；按照性质的不同，科技总结可分为综合性总结、专题性总结等；按照时间的不同，科技总结可分为年度总结、季度总结、月度总结等；按照范围的不同，科技总结可分为单位总结、部门总结、个人总结等。

科技总结的作用主要体现在以下四个方面：

（1）科技总结可以让人全面、系统地了解科技工作的情况，从中获得经验与教训，从而指导今后的工作。

（2）科技总结可以让人在科技工作实践中寻找规律，并将这些规律系统地记载下来，以便在今后的工作中运用这些规律。

（3）科技总结可以帮助人提高认识、增长才干，形成理论联系实际的工作作风。

（4）通过科技总结可以让参与科技工作的每个人从全局上了解自己工作的情况和意义。

4.2.1　格式写法

科技总结一般由标题、正文、落款三部分组成。

1. 标题

科技总结的标题主要有三种写法：第一种，采用公文式标题，这类标题由单位名称、时间、事由和文种组成，如"××××系××××年科研成果总结"；第二种，采用文章式标题，这类标题多用于经验总结，如"关于××××问题的总结"；第三种，采用主副标题，主题概括总结内容，副题由单位名称、时间、事由和文种组成，如，"加速提高学生的阅读能力——××××附中××××年教改小结"。

2. 正文

科技总结的正文一般由前言、主体、结尾三部分组成。

（1）前言。前言，即科技总结的开头部分，应概括交代科技工作的背景、时间、内容、采取的方法和取得的成绩，并进行简要的评价。前言要简洁、具有概括性、中心突出、提纲挈领。

（2）主体。主体是科技总结的重点部分，主要说明科技工作中取得的成绩与存在的问题、吸取的经验与教训，以及对未来科技工作开展的设想与安排。在撰写主体部分时，要做到观点鲜明、材料典型、叙议结合。

①取得的成绩与存在的问题。这部分要详细说明取得了哪些成绩，它们都表现在哪些方面，它们是如何取得的，以及存在哪些问题与不足。在撰写这部分时，要实事求是，掌握好分寸。

②吸取的经验与教训。这部分是科技总结主体部分的重点和中心。如果在科技工作中没有出现什么差错，那么可以侧重于写经验。

③对未来科技工作开展的设想与安排。在总结经验与教训的基础上，针对科技工作中的具体问题提出改进措施，以及就今后的科技工作提出新目标，从而明确努力的方向。

（3）结尾。结尾应写得简短有力，或归纳全文内容，提示主题，或概括今后努力方向和工作内容，都应意尽言止。

3. 落款

通常情况下，在科技总结的落款处应注明单位名称和日期。如果在标题中已注明单位名称，那么在落款处可省略它。

4.2.2 写作注意事项

在撰写科技总结时，要以客观事实为依据，真实、客观地分析情况、解决问题、总结经验，不允许虚构和编造。

科技总结的内容要展现具体的科技工作过程，所以，在撰写时，一般应考虑这些问题："工作是怎样开始的？以后又是怎样发展的？中间遇到了什么问题？这些问题是怎样解决的？解决的效果如何……"。

4.2.3 范文模板

××××年××市科技工作总结

××××年，全市科技工作在××××的正确领导和大力支持下，经过全系统同志们的共同努力，按照××××的科技工作方针，认真贯彻落实××××精神，深入开展创先争优活动，为全市经济社会发展做了积极的努力。现总结如下：

一、主要做法及取得的成绩

（1）以创先争优活动的开展为契机，进一步整顿机关工作作风、加强政治思想教育、优化发展环境，为各项工作创先争优奠定基础。

…………

（2）……

…………

（3）……

…………

（4）以加快工业经济发展速度、改变经济发展方式为目的，加快企业科技创新步伐。

…………

（5）以加大科技宣传培训力度、建立信息服务平台为载体，加大科技服务全社会的力度。

…………

二、存在的问题

（1）……

（2）……

（3）各级科技管理部门在机构设置、人员配置、队伍建设、条件平台建设上尚需加强。……

（4）科技人才队伍知识老化、知识结构偏低、分布不均匀也是导致科技创新能力不高的重要因素。……

三、经验与教训

…………

四、××××年工作重点

转变发展方式、调整产业结构是我市面临的一项重大而紧迫的任务，而科技创新作为经济结构转型升级的主要抓手，……形成一批具有××××特色和优势的高新技术产业群、科技园和产业带，应用高新技术改造传统产业，在节能减排、循环经济、适用技术、成果转化等方面建成一批重大科技创新基地。为此，要在以下方面有所创新、提高和突破。

…………

××××
××××年××月××日

4.3　科技简报

科技简报是以书面形式简明扼要地汇报科技工作、交流科技情报、反映科技问题，为领导决策提供可靠依据的文字材料。它是科技工作中用于沟通情况和交流经验的一种简短、灵活的文体。

科技简报能如实地反映现实科技工作中出现的情况和问题，迅速地传递、反馈信息，具有汇报、指导、交流的作用。

根据内容的不同，科技简报可以分为科研成果简报、阶段性成果简报、科研情况简报、科技会议简报。

4.3.1　格式写法

在撰写科技简报时，可按照简报的格式写法进行撰写。简报一般由报头、正文、报尾三部分组成。

1. 报头

简报的报头位于简报首页上方1/3处，由红色粗实线分割。报头一般都有固定的格式，包括简报的名称、期数、编发单位、发行日期、密级和编号。

（1）简报的名称位于简报首页上方的正中处，为醒目起见，字号易大，尽可能用套红印刷。

(2) 期数位于简报名称的下方正中,加上括号一般按年度依次排列期数,有的还可以标出累计的总期数。如果是"增刊"的期数,要单独编排,不能与"正刊"期数混编。

(3) 编发单位一般为制发简报单位的办公部门或中心工作领导小组,以及会议的秘书处(组),要求用全称或规范化简称印于分割线左上方。

(4) 发行日期以领导签发日期为准,应标明具体的年、月、日,位置在分割线的右上方。

(5) 根据需要,保密性简报还应标明密级,如"内部参阅""秘密""机密""绝密"等。密级要求一般顶格印在报头的左上角。一般简报不用标明密级。

(6) 编号一般印在报头右上角。保密性简报才用编号,一般简报不用编号。

2. 正文

简报的正文一般由标题、导语、主体、结语四部分组成,在写法上与消息有些相似。

(1) 标题。简报的标题要醒目、明了,一般可分为双行标题和单行标题。

双行标题一般包括两种情况:一种情况是主题前面加引题,主题概括简报的主要内容,引题指出作用和意义;另一种情况是主题后面加副题,主题概括事实的性质,副题补充叙述基本内容。

单行标题只有一个主题,它是对简报阐述的核心事实的概括。单行标题中间可以用空格的方式表示间隔,也可以用标点符号表示间隔。

(2) 导语。简报的导语类似消息的导语,要根据简报内容的特点突出其中心思想。简报的导语可采用叙述式、描写式、提问式、结论式等形式。所谓叙述式,即开门见山地交代时间、地点和意义,揭示事实的中心思想;所谓描写式,即将某个典型事实的侧面加以形象地描写,以引起读者的兴趣;所谓提问式,即把反映的主要问题通过提问的方式"拎"出来,引起上级部门的思考和共鸣;所谓结论式,即通过倒叙的方式引人注目地写出事实的结果,具有统领全篇的作用。

(3) 主体。主体是简报的中心部分,它围绕导语,用真实的、典型的材料和数据说明提出的问题、阐述中心思想。具体来说就是,在撰写简报的主体部分时，要依据事物的因果关系，围绕中心思想，把事实层层展开，叙述清楚，详略得当，做到观点和材料有机统一。

主体部分一般有两种结构：纵式结构，即按事实的发生、发展的时间顺序来安排材料；横式结构，即按事理分类的顺序来安排材料。

（4）结语。结语是简报正文的结尾部分。一般情况下，简报的正文可自然结束；不过也有一些简报较复杂，内容较丰富，最后需要借助一个小结来加深印象。后一种简报的结语可提出要求，也可做出指示，还可发出号召。完美的结语要确保简报的内容完整，结构严谨，前后呼应。

简报正文的署名可以是供稿部门的名称，也可以是供稿者的姓名，一般标注在正文的右下方，并加上圆括号。

3. 报尾

在简报末页下方1/3处用红色分割线与文稿正文部分分开，分割线下与之平行的另一横线间内标注本期简报的报、送、发单位名称。报，即简报呈报的上级单位；送，即简报送往的同级单位或不相隶属的单位；发，即简报发放的下级单位。如果简报的报、送、发单位是固定的，而又要临时增加发放单位，一般还应注明"本期增发××××（单位）"。

报尾还应标注本期简报的印刷份数，以便管理、查对。

4.3.2　写作注意事项

科技简报所反映的内容、所涉及的情况，必须严格遵循真实性原则，每个情节、每个细节都应认真核实，确保其无误。

科技简报的内容要新颖。在选择材料上，要善于在大量的材料中突出一个"新"字，即取材要新颖、有代表性，重点围绕符合时代特征的、有利社会发展的、推动社会和谐进步的新情况、新问题和新经验。要注意揭示和挖掘科技发展的最新状态及发展趋势。如果反映的是陈旧的内容，即使这些内容是真实的、有意义的，作用也不大。

科技简报的篇幅一般不长，文字简洁，中心思想突出。对于众所周知的科技知识、试验过程、理论推导、生产流程等，科技简报都不需要赘述，也不需要引用与中心思想无关的数据、表格、附件等，它只需要写出前因后果即可。

4.3.3 范文模板

科技简报
（第××期）

××××办公室　　　　　　　　　　　　　××××年××月××日

我市研制成功新型交通信号机和安全行车指示器

　　近年来，我市车辆日益增多，交通流量增大，各种机动车达××××多辆。据交通管理部门在××××区××××路口统计，每天车辆流量在××××辆次左右，通过路口行人每天达××××人次以上。我市傍山建筑多，大多××××不规则，××××的矛盾突出，交通常有堵塞，交通事故时有发生。为了提高我市交通管理水平，适应交通事业发展需要，从××××年上半年开始，交通部××××公路科学研究所和市公安局交通大队密切协作，经过努力，于××××年××月和××月，先后研制出××××感应式信号控制机的试验样机和正式样机。并根据该机原理，同时研制出适合于公路弯道用的××××安全行车指示器。

　　××××感应式信号控制机试验样机和正式样机于××××年××月××日和××月××日分别安装在××××和××××这两个路口实地试用。半年多来，经受了高温天气、雷雨季节、阴雨潮湿气候和电压不稳定的考验，没有发生大的故障，一直运转正常，基本上消除了车辆的不合理受阻现象。该机检测范围灵活，检测灵敏度高，具有先进水平。检测部分系采用环形线圈，可以根据各个路口的实际需要，设置大小不同的感应环，可以检测全部车道，也可检测××××。经过实地检测，××××感应式信号控制机对××××按要求发出信号，可以根据××××的实际需要，任意调节最大绿灯时间和最小绿灯时间，并可以自动开闭红绿灯。无论是在白天，还是在黑夜，只要有车辆通过都能自动给信号。××××感应式信号控制机的研制成功，为进一步研究提高我国的交通管理创造了有利条件。

　　××××安全行车指示器于××××年××月和××月分别安装在××××和××××的急弯处。这两处的特点是：弯急，行车视线均在××米以内；通过的机动车流量比较大；无人车隔离设施，人、车混行状况还未得到根本治理。因此容易发生事故，特别是发生碰车事故。××××指出：全市在弯道上发生的交通事故占事故总数的××%，经交通管理部门将其与安装××××安全行车指示器的两个路段的事故情况进行对比：在同期内，未安装××××安全行车指示器前共发生碰车事故××起，安装后未发生碰车事故，只发生撞伤行人事故××，事故减少了××%。该指示器试用半年多，昼夜不停地工作，证明工作稳定，性能可靠，反应灵敏。特别是今年特大洪水，××××的环形线圈在水中浸泡了两昼夜后仍能正常工作。

××××安全行车指示器除作为弯道警告标志外，还可作为弯道指示、限速指示、来车告警等用途的标志，是减少交通事故的一种有效辅助措施。

....

（××××供稿）

报：××××

送：××××

发：××××

共印××份

4.4　科技会议纪要

科技会议纪要是根据科技会议的指导思想和会议记录，将科技会议召开的基本情况、研究决定的主要问题进行加工、提炼、概括、整理而写成的一种文书。

科技会议纪要主要有以下三个特点：

（1）纪实性。科技会议纪要是记载科技会议基本情况和主要精神的文书，所以，它必须根据科技会议的目的、指导思想、发言记录和会议研究决定的问题来撰写，具有很强的纪实性。科技会议未涉及的问题不能写。在会议过程中，如果出现意见不一致的情况，应写多数人同意的意见，或把几种意见都写上，不允许添枝加叶，也不允许凭空杜撰。纪实性是会议纪要的"生命"。

（2）纪要性。纪要性是会议纪要和会议记录的根本区别。科技会议纪要也注重纪要性。所谓纪要性，即不把科技会议中所涉及的所有情况、所有问题毫无遗漏地写出来，而是把那些重要的情况和研究决定的重大问题、决策意见写出来，是摘其要而记之，切记不要面面俱到和搞材料堆砌。

（3）系统性。所谓系统性，即在撰写科技会议纪要时，要将会议的全面情况、所有材料进行全面的分析研究，然后选出重要问题和重要材料，按照一定的逻辑关系进行组合和安排，使其科学、系统、有条理。

科技会议纪要可以作为向上级机关汇报之用，也可以作为文件向有关单位和下级机关分发。科技会议纪要可以交流科技信息、交流科研经验，对于本单位和下级机关来说，可以作为解决问题、指导科技工作的依据，并有一定的约束力。

4.4.1 格式写法

在撰写科技会议纪要时，可按照会议纪要的格式写法进行撰写。会议纪要一般由标题、正文、落款三部分组成。

1. 标题

会议纪要的标题通常有两种写法：第一种由会议名称和文种组成，如"全国科技工作会议纪要"；第二种由发文机关名称、会议名称和文种组成，如"××××委员会关于企业科技创新会议纪要"。

2. 正文

会议纪要的正文由开头、主体、结尾三部分组成。

（1）开头。开头概括交代会议的名称、时间、地点、主持人、参加人员、主要议程、形式、议题及主要成果，然后用"现将本次会议研究的几个问题纪要如下""现将会议主要精神纪要如下"等惯用语转入下文。开头部分主要用以简述会议概况，所以文字必须十分简练。

（2）主体。主体是会议纪要的核心内容，包括会议所讨论、研究的问题，对过去工作的评价及会议所做出的决定。它主要记载会议的具体情况和结果，写作时要紧紧围绕中心议题，把会议的基本精神和会议形成的决定、决议准确地表达清楚，对于有争议的问题和不同意见，必须如实反映。在主体部分，通常使用"会议指出""会议认为""会议经过充分商议，做如下决定"等惯用语。

根据会议性质、规模、议题的不同，会议纪要的主体部分在写法上也各有不同，这里主要介绍以下三种写法：

①综合概述法，即用综合概述的方法将会议讨论、研究的问题等进行整体的阐述和说明。这种写法适用于所讨论、研究的问题比较集中，看法比较统一，参加人数不多的中、小型会议。运用这种写法撰写的主体内容一般侧重于突出会议的指导思想，全面介绍会议的基本情况。

②分项叙述法，即把会议所讨论、研究的问题进行分类，将同一性质的问题归纳在一起，然后列出条款一一进行阐述。这种写法适用于大型会议，这类会议参加人数较多，所讨论、研究的问题也比较复杂，运用这种写法易于写出比较全面的会议纪要。

③发言记录法，即按顺序把每个人发言的主要内容记录下来。这种写法与会议记录的写法很相似。它的优点是及时、真实地反映发言者的意见及会议进程，缺点是系统性不强。某些根据上级机关布置，需要了解参加人员不同意见的会议纪要，可采用这种写法。

（3）结尾。结尾部分通常是提出希望、号召，要求有关单位认真贯彻会议精神。另外，也可以在写完主体部分后就结束全文。

3. 落款

落款处需要署名和写上成文日期。署名只用于办公室会议纪要，写上召开会议的领导机关的全称，下面写上成文日期，并加盖公章。一般的会议纪要不必署名，只写成文日期，并加盖公章。

4.4.2　写作注意事项

科技会议纪要应从科技会议的客观实际出发，从科技会议的具体内容出发，抓中心，抓要点。所谓抓中心，即抓住科技会议的中心思想、中心问题、中心工作；所谓抓要点，即抓住科技会议的主要内容。

科技会议纪要必须概括科技会议的共同决定，反映科技会议的全貌。凡是没有达成一致意见的问题，都需要分别论述，并写明分歧之所在。

4.4.3 范文模板

全国第××届科技写作教学讨论会纪要
(××××年××月××日通过)

全国第××届科技写作教学讨论会于××××年××月××日在××省××市举行。参加会议的代表和特邀代表共有××××人，来自全国××个省市的××所理工农医类高校和有关单位。

这次会议得到各级领导和有关方面的重视和支持。××××热烈祝贺会议召开，并……

会上，中国科普创作研究所副所长×××同志介绍了国外科技写作教学的概况。××××大学教务处处长×××同志和××××大学教务处处长×××同志，他们就××××问题发表了讲话。与会的其他院校领导同志，在会上对开设科技写作课的重要性、迫切性等问题发表了很好的意见。代表们从上述同志的讲话中受到了启发和鼓舞。

这次会议是在科技写作教学迅速发展的大好形势下召开的。去年××月，在××××大学，参加科普创作讲习班的××所理工院校，为了推动科技写作教学的开展，成立了……还有更多的院校正在积极筹备××××。

全国科技写作教学形势的迅速发展不是偶然的，它顺应了××××。一个××××的科技人才和科技管理人才，不仅要掌握本专业的理论知识，还应具备各种技能，其中科技写作的能力是不可或缺的。过去，我们忽视对学生这方面能力的培养，因而使得学生走上工作岗位后不能适应需要，这束缚了他们聪明才智的发挥，也影响了……

会议在广泛交流的基础上，集中对科技写作课的××××问题展开了深入的讨论，现将意见整理归纳如下：

一、关于科技写作课的性质、任务和意义

会议认为，科技写作课是一门科学性、实践性、实用性很强，文理结合的课程。它的任务是向学生传授科技写作的知识和技巧。它的内容一般包括科技论文、科学报告、科技应用文和科普作品的写作。它是总结、传播、推广、普及××××的重要媒介。在××××开设科技写作课，对于培养学生的××××，建设××××有着重要意义。科技写作是专业应用写作，适合在高年级学生和研究生中开设。

…………

二、关于师资建设问题

开设科技写作课必须有一支相应的教师队伍，配备和培养科技写作教师是开课的首要条件。目前，该课程多数为文科教师担任，他们具有较系统的写作知识理论和写作教学经验，热心科技写作教学事业，但在知识结构和科技写作的教学实践上存在一定的不足。为此，应……

三、关于教材编写问题

教材是开展教学活动的重要保证。科技写作是一门新兴的学科。大多数同志从事这一教学实践的时间不长，教学的内容和方式也不统一……因此，目前编写统一的教材条件尚不成熟。会议提出，各院校可从实际出发自己编写教材，或引进国外教材，要勇于开拓新路，善于总结，加强交流。在此基础上，我协作组争取早日……

四、关于科技写作的课程设置问题

会议认为，各院校要尽快地开课，这是高等教育发展对我们的要求。在课程内容和形式上，应从各自现有的条件出发，因地制宜，因人制宜。有条件的，可开选修课；暂时某些条件不完全具备的，可先开讲座。讲座亦可有各种形式，讲一种文体，或几种文体；可自己讲，也可请有关专业教师讲。这样通过广泛实践，我们的教师从中得到了锻炼，取得了经验，积累了资料，教学质量就会不断提高，从而使这门课程逐步趋向完善。

五、关于增补筹备组成员单位的问题

…………

六、关于筹办《科技写作教学通讯》的问题

…………

这次会议得以顺利召开，并取得圆满成功，是与××省委、××××地区领导的关怀分不开的。另外，××××大学的领导、参与会议筹备工作的××××大学同志，为此付出了辛勤劳动。在此向他们表示衷心的感谢。

代表们一致认为，这次会议进一步提高了大家对开设科技写作课重要性的认识，激发了紧迫感、责任感。同时，通过交流经验，初步摸索到教学的方法和途径，鼓舞了信心。它将对科技写作的教学和研究工作起到有力的推动作用。代表们表示，返回本单位后，要及时向领导汇报，根据本单位的实际情况，制订出计划，并付诸实施。

4.5　科研计划任务书

科研计划任务书，即在科研项目确定后，由科研项目承担单位对科研项目的目的、意义进行介绍，并对完成该科研项目的具体措施、方法和研究进度做出计划安排的技术文书。它是一种科技管理类文书，是科研项目承担单位向上级主管部门申报立项的重要文件。

科研计划任务书主要用于重点科研项目，凡是承担国家、军队重点科研项目的科研单位，都必须按规定填报科研计划任务书。

科研计划任务书有两个主要作用：一是上级主管部门通过它来对科研项目实施计划管理，按照其内容和进度检查科研进展情况等；二是科技工作者可以将科研计划任务书作为开展科研工作的总体设计，通过制定科研计划任务书来加深对科研任务的认识。

科研计划任务书获批后，便可以有计划、有步骤地开展科研工作。如果在执行中发现了新情况、新问题，也可对科研计划任务书进行修改，同时要报上级主管部门备案。

4.5.1　格式写法

科研计划任务书一般由封面、内页正文两部分组成。

1. 封面

科研计划任务书封面上的类号、编号、密级由主管部门填写，而项目名称、承担单位、开发机构、起止日期、项目负责人等由项目执行人填写。

2. 内页正文

科研计划任务书内页正文的内容一般包括：立项的目的和意义；研究内容和技术方案；市场或技术应用前景预测；计划进度；实现项目目标具备的条件；项目研究人员名单；经费总概算及其来源；经费支出明细预算表；技术的先进性与技术资料；技术成果与形式；同行评议意见（由参加评议的专家填写）；主管部门审查意见（由主管部门填写）；等等。

有些很重要的具体资料，如统计数据、图表等，由于其篇幅过长，放在前面影响整体阅读，可以作为附件或附表附于科研计划任务书的最后。

4.5.2　写作注意事项

在编写科研计划任务书时，对项目的技术经济指标、进度安排要实事求是、量力而行，避免拖延进度或达不到指标。

科研计划任务书的文字表达要简洁、通俗易懂，力求用较少的篇幅和恰当的方式阐述；当然，也可以用图表表述。

4.5.3　范文模板

类号：
编号：
密级：

××××科技大学

科研项目计划任务书

项目名称：××××
承担单位：××××
开发机构：××××
起止日期：××××
项目负责人：×××

一、立项的目的和意义

二、研究内容和技术方案

三、市场或技术应用前景预测

四、计划进度

五、实现本项目目标具备的条件

六、项目研究人员名单

七、经费总概算及其来源

八、经费支出明细预算表

九、技术的先进性与技术资料
十、技术成果与形式

十一、同行评议意见

（公章）

年　月　日

十二、主管部门审查意见

（公章）

年　月　日

附表1：（略）

附表2：（略）

附表3：（略）

附表4：（略）

4.6　学术演讲稿

学术演讲一般是在学术研讨会、学术报告会和学术讲座上进行的。学术演讲对传播文化、普及科学知识、促进学术发展起着积极的推动作用。保证学术演讲成功的一个重要条件是写好学术演讲稿。

学术演讲稿，是就某一学科领域中的课题进行研究、探讨，向听众表述新的科学研究成果、传播科学知识的演讲文稿。

学术演讲稿应具备以下三个特点：

（1）科学性。科学性是学术演讲稿的生命，学术演讲稿离开了严谨、科学的内容，就毫无价值可言。所谓科学性，即学术演讲稿所阐述的理论要正确反映客观事物的内部联系及其发展规律。因此，在撰写学术演讲稿时，要从实际出发，实事求是，确保其有正确的观点、翔实的材料、充分有力的证据及严密周全的论证。

（2）独创性。学术演讲稿的内容不仅要有科学性，还要有一定的独创性。独创性是学术演讲稿的价值所在。所谓独创性，即学术演讲稿所阐述的理论或对原有理论有所突破，或有真知灼见，或有独到见解，或能提出新的问题、新的观点，或构成新的理论体系等。独创性是推动科学前进的动力。如果只有简单的继承，而无突破性的发展，科学将难以前进。在学术演讲稿中最忌出现人云亦云的内容，即使是介绍某一学科领域的发展状况或科学普及教育的演讲稿，虽然对独创性的要求不高，但也必须尽可能从讲述角度、讲述重点、讲述方法上多做文章，力图讲出一点新意来。

（3）专业性。学术演讲稿具有很强的专业性，且涉及许多复杂、抽象的科学道理和不易被一般人所理解的专业术语，这样就给听众对演讲内容的理解造成了一定的困难；另外，演讲这种口头传播方式所传播的内容转瞬即逝，不能让听众像阅读文章那样可以反复咀嚼，这样也影响传播的效果。因此，在撰写学术演讲稿时不仅要对某些专业知识进行必要的注解，以此确保演讲稿内容的专业性；而且要把抽象、深奥的科学道理表达得深入浅出、通俗易懂，从而让听众更易于理解，达到最好的传播效果。

4.6.1 格式写法

学术演讲稿一般由标题、称谓、正文三部分组成。

1. 标题

如果学术演讲稿需要刊发或上报，那么一般要有标题。在确定学术演讲稿的标题时，要题文相符，揭示演讲的内容或主题。

2. 称谓

学术演讲是演讲者与听众的交流，所以恰当的称谓不仅能表达对听众的尊重，也能渲染一种友好的氛围，缩短演讲者与听众的距离。

在学术演讲稿中，常用的称谓有：泛称，如"同志们""朋友们"等；类称，如"尊敬的×××先生""尊敬的各位领导、各位来宾""尊敬的女士们、先生们"等。有时为了突出对某些与会者的尊重，还可采用泛称与类称相结合的方式。

3. 正文

学术演讲稿的正文一般由开头、主体、结尾三部分组成。

（1）开头。一个好的开头，是演讲稿成功的一半。学术演讲稿开头的写法多种多样：可以写演讲的缘起，也可以直接提出问题；可以从题目讲起，也可以从形势讲起；可以从具体事例起笔，也可以从时间、场景入手。总之，无论采用何种写法，要发挥出它的提携全文、导入主体的作用。开头应有吸引力，要几句话便能抓住听众。

（2）主体。主体是学术演讲稿的重点部分，主要写演讲的基本内容，要观点鲜明、层次清晰、感情充沛，要有很强的艺术感染力和逻辑说服力。如果演讲的内容过多，可以分条列项来谈，但务必记住一个重要事实：听众的注意力集中时间是非常有限的，他们常常容易走神，所以一开始就要适当地限制话题数目。一般情况下，5分钟只适宜谈1个话题，15分钟只适宜谈2个话题，即使演讲1个小时，话题也不宜超过3个或4个。贪多，听众就容易听了后边忘了前边，印象模糊。

(3)结尾。结尾部分是学术演讲稿的收束。为了使听众对全部演讲内容有清晰、完整、深刻的印象,在学术演讲稿的结尾部分,一定要把全稿的主要内容加以概括,做个小结。学术演讲稿的结尾应简短、有力、耐人回味,同时能引起人的联想和思考。在学术演讲稿的结尾部分,最后一般要有谢词以向听众致以谢意。谢词不必自谦地说些套话,如"这项研究我还仅仅开始,提出的观点中,缺点、错误一定不少,请各位多提宝贵意见",用简单的习惯用语"谢谢大家"就足够了。

4.6.2 写作注意事项

在撰写学术演讲稿时,要保证论点鲜明,逻辑性强,言之有物;同时还要注意以情动人,提高学术演讲稿的可读性和感染力。

学术演讲稿不仅要说理清晰,还要生动感人。学术演讲稿的句式一般采用短句,这样可以让读者易读易解。

4.6.3 范文模板

××××国际学术会议演讲稿

尊敬的×××主席、各位专家、各位领导、各位同仁:
  大家××好!
  …………
  谢谢大家!

第 5 章 科技说明类文书

科技说明类文书，是指在保护科技专利、推广科技成果、传播科技知识的过程中，以说明为主要表达方式来解说事物、阐明事理的应用文体。这类文体的应用范围广、使用量大、实用性强，且具有明确性。

本章主要介绍产品使用说明书、产品设计说明书、工程设计说明书、毕业设计说明书、科普说明文等科技说明类文书。

5.1 产品使用说明书

产品使用说明书，是生产者向消费者用准确、简明、通俗的文字明确地介绍产品名称、用途、性质、性能、原理、使用方法、保养维护、注意事项等的科技应用文体。产品使用说明书被广泛应用于生产、科研、经济和商业等领域。

产品使用说明书的主要特点包括内容科学性、说明条理性、样式多样化、语言通俗性和图文广告性等。

产品使用说明书的基本属性是宣传产品以引起消费者的购买欲望，从而促进其完成购买，促进商品流通。

产品使用说明书在普及知识，扩大信息流量，传播、复制、交流、利用、反馈信息等方面具有十分重要的作用。生产者实现销售，是从编制产品使用说明书起步；消费者认识产品，往往是从认识产品使用说明书开始。编制产品使用说明书是生产者创造品牌的必要环节。

产品的种类多种多样，产品使用说明书也各有不同。按不同的分类标准，产品使用说明书可进行如下分类：

（1）根据内容的不同，产品使用说明书可分为工业产品使用说明书、农产品使用说明书、金融产品使用说明书、保险产品使用说明书等。

（2）根据形式的不同，产品使用说明书可分为条文式产品使用说明书、图表式产品使用说明书、条文图表结合式使用说明书等。

（3）根据性质的不同，产品使用说明书可分为特殊产品使用说明书、一般产品使用说明书等。

（4）根据篇幅长短的不同，产品使用说明书可分为简约型产品使用说明书和完整型产品使用说明书两种。一般来说，前者多用在民用商品、医药等方面，后者多用在运输工具、机床、仪器仪表等方面。

5.1.1 格式写法

由于产品的不同，不同产品使用说明书，其内容的侧重点也有所不同：有的侧重于说明产品的用法，有的侧重于说明产品的功能，有的侧重于说明产品的构造，有的侧重于说明产品的成分，等等。

产品使用说明书一般由标题、正文、结尾、附录四部分组成。

1. 标题

产品使用说明书标题的写法一般是产品名称加上"说明书""产品说明书""使用说明书""说明""介绍"等，如"××××口服液产品说明书""××××蓝牙耳机使用说明书"。

2. 正文

正文是产品使用说明书的主体部分，主要介绍产品的概况、规格、原理、使用方法、维护保养、注意事项、责任的划分等内容。

（1）概况。这部分的内容主要包括产品的名称、设计目的、用途、工作方式、应用范围和使用条件等。这部分主要是对产品大致情况的介绍，所以在内容上要有所侧重，不需要将前面提到的情况悉数说明。

（2）规格。这部分主要介绍产品的型号、外形尺寸及相关技术参数等。

（3）原理。这部分简单介绍产品的设计原理、产品结构等，可以利用图示对产品结构特征进行分解说明。

（4）使用方法。这部分需要详细列出操作步骤，同时，也可以附图加以说明。

（5）维护保养。这部分介绍在使用产品过程中如何对其进行维护、保养，以及排除简单的故障等。

（6）注意事项。这部分介绍在使用产品时应注意的事项。

（7）责任的划分。这部分介绍消费者在使用产品过程中与生产者等产生纠纷时各方责任的划分。

3. 结尾

产品使用说明书的结尾主要包括以下三个方面的内容：

（1）产品生产企业和经销商企业的全称，以及注册商标。这些内容可放在最后，也可放在说明文字的前面，与产品名称一起标注。

（2）企业的地址。

（3）企业的联系方式。

4. 附录

有些产品如果需要附上参数表、线路图、部件图等，可将其当作附录附在产品使用说明书的最后。附录部分可有可无。

5.1.2 写作注意事项

在撰写产品使用说明书时，要如实介绍商品的用途、性能、操作步骤、使用禁忌等。

在撰写产品使用说明书时，要把说明对象介绍清楚，而且要准确精当，不能模棱两可。

产品使用说明书的撰写要符合一定的说明标准，要包含不可缺少的说明项目（商品的产地、生产者、用途、性能、规格、等级、主要成分、生产日期、有效期限、使用方法、售后服务等）。

5.1.3 范文模板

××××显微镜产品说明书

一、概况

本产品为××××显微镜，是一种具有立体感觉的显微镜……它的主要用途如下：

1. 作为动物学、植物学、昆虫学、组织学、矿物学、考古学、地质学和皮肤病学等的研究和解剖工具。

2. 对纺织工业中原料及棉毛织物的检验。

3. 在电子工业中作为晶体管工艺的装配工具。

4. 对各种材料的裂缝构成、气孔形状、腐蚀情况等表面现象的检查。

5. 在制造小型精密零件时对机床与工具的装置，对工作过程的观察，对精密零件的检查等。

6. 对透镜、棱镜或其他透明物质的表面质量及精密刻度的检查。

7. 对文书、纸币真假的判断。

二、规格

1. 目镜放大倍数、视场直径和工作距离

…………

2. 大物镜有效孔径：××××

3. 平台直径：××××

4. 仪器重量：××××

5. 木箱尺寸（长×宽×高）：××××

6. 仪器装箱总重量：××××

三、原理

使用本显微镜所获得的立体感觉是通过××××而产生的。本显微镜具有倾斜成45°的双筒，通过双筒可以观察到宽广视场中正立的具有立体感的物象，其中，右侧目镜管上具有视度调节圈的位置，如果观察者双眼视度具有差异，可以先调节显微镜使左眼成像清晰，然后旋转右侧视度调节圈到右眼成像清晰。双筒可以在一定角度内相对地转动以适应工作者两眼之间距离。

在方形镜身两侧有手轮可旋转，利用它的转动可在不变更工作距离情况下更换显微镜放大倍数，因此操作方便而迅速。显微镜总放大倍数的读数，当使用××目镜观察时，以右侧倍数盘上数字为准，而当使用××目镜观察时，则以左侧倍数盘上的数字为准。

四、使用方法

…………

五、维护保养

1. 仪器不论在使用或存放时，应避免放在灰尘、潮湿、过冷、过热或含有酸碱性蒸汽的地方。

2．不得将化学品放在仪器附近，更不得在显微镜橱内放有化学品（干燥剂除外）。

3．仪器不使用时应全部罩上防尘罩，保持仪器的清洁。

4．透镜表面若有灰尘，不能用手擦拭，只能用毛笔将灰尘拭去。

5．透镜表面若有污秽，可用清洁的旧亚麻布或脱脂棉布沾少许××××轻轻拭揩，但不得用酒精，否则透镜胶将被溶解。

6．齿轮、齿条、滑动槽面及滑动柱面上的油脂因××××，致使×××××转动发生困难，可用××××将陈脂去除，然后擦上少许××××，不可用××××。

7．显微镜及其目镜在不使用时应套上布罩或玻璃罩，以防灰尘侵入。

六、注意事项

············

5.2　产品设计说明书

产品设计说明书，又称产品设计任务书，就是预先对某一产品设计项目提出具体任务、指标、原则、要求的任务性文件。换句话说，产品设计说明书是设计人员根据科技发展水平和市场需求，撰写的拟生产、开发产品或新产品的实用技术文书，内容包括具体任务和产品的原理、结构、性能、技术指标、用途、使用范围、使用要求等。

产品设计说明书的主要作用是全面阐述产品的设计思想，向产品的设计、生产部门明确产品必须达到的基本目标，以保证产品的结构合理、性能先进，达到先进的技术水平，满足用户需求。所以，产品设计说明书是产品设计、样品试制、试验、批量生产、技术检测和鉴定的主要依据；同时，也是广大用户、生产协作单位和上级主管部门检验产品质量、性能的重要根据。

5.2.1　格式写法

产品设计说明书一般由标题、正文、落款、附件四部分组成。

1. 标题

产品设计说明书的标题一般由产品名称和文种组成，如"××××静止功能发生器设计说明书"。

2. 正文

产品设计说明书的正文通常包括：任务来源；产品设计的目的或意义；设计依据和要求；同类产品概况；主要技术性能参数；承担单位和分工；产品设计工作进度；等等。

3. 落款

产品设计说明书落款处需要注明设计单位名称和日期。

4. 附件

产品设计书的附件是指与设计有关，但又不是设计主体的内容和资料，主要包括：参考文献；与论文相关，但又因篇幅限制不能在正文中详细列出的数据、图表、计算过程、结构演示；等等。

5.2.2 写作注意事项

在撰写产品设计说明书时，要充分、大量地掌握有关技术资料，并进行分类归纳和整理、分析和比较，以确定科学、先进、合理的产品结构。

在撰写产品设计说明书时，要分清主次，在文字表达上要具体、明确、流畅、规范。

5.2.3 范文模板

××××灰浆搅拌机设计说明书

一、任务来源

由××××××建筑机械化研究所和××市工程机械厂、××市建筑机械厂共同承担××××灰浆搅拌机的研制任务，机型采用卧轴强制式，自动上、下料，出料容积为××××升。

二、产品设计的意义

××××灰浆搅拌机采用卧轴强制式，搅拌各种配比及稠度较大的灰浆。其搅拌效果好、时间短，较当前国家普遍采用的灰浆搅拌机质量和生产率都有显著提高。由于传动部分采用齿轮减速箱，动力消耗少，改进了轴端密封，轴端不渗漏，机械上、下料减轻工人劳动强度，操作方便，是一种新型灰浆搅拌机。

三、设计依据和要求

1. 基本参数和技术条件应符合国家有关标准的规定。

2. 具有较好的技术经济指标，尽量采用先进技术和有较高的三化（系列化、标准化、通用化）水平，更好地满足使用要求。

3. 制造维修方便，操作安全可靠。

4. 采用集中传动，改进轴端密封，改进叶片设置为齿轮减速传动，增设自动上、下料装置。

四、同类产品概况

……

五、主要技术性能参数

……

六、承担单位和分工

……

七、产品设计工作进度

……

××××××建筑机械化研究所

××市工程机械厂

××市建筑机械厂

××××年××月××日

附件：（略）

5.3 工程设计说明书

在工程建设中，需要编制、运用大量文书，工程设计说明书便是其中之一。工程设计说明书，又称工程设计任务书，是工程技术人员根据经济发展规划和建设需要，按照委托方要求编制的有关工程项目具体任务、设计目标、设计原则及有关技术指标的技术文件。它是在正式开工前编制的工程建设的大纲，是确定建设项目和方案的基本文件，是编制设计文件的重要依据与参考。

工程设计说明书一般是在对工程项目进行可行性研究和技术经济论证以后，在对客观条件进行全面考察、了解与科学分析基础上，由各方面设计人员共同编制而成的。它是基本建设中的常用文件，在建筑工程、市政工程、道路工程、水电工程、工厂、火力发电厂、矿山、桥梁的新建、改建、扩建中均要用到。

工程设计说明书是在众多约束条件下进行的，如委托方所在国家的法规政策、完成设计所需的科技水平和制造能力等。一旦众多约束条件中的一个条件没有被满足，设计出来的方案便是空中楼阁，因此，工程设计说明书的目标应该是明确的、具体的、现实的。所谓明确，即工程的作用明确，预期的水准明确；所谓具体，即工程的主要指标都是可以量化的，不能是笼统的；所谓现实，即在现有的各种约束条件允许范围内，目标是可以实现的。

5.3.1 格式写法

工程设计说明书一般由标题、设计说明书、概算书、工程设计图纸、附件五部分组成。

1. 标题

工程设计说明书的标题一般由项目名称和文种组成，如"××××工程设计说明书"。

2. 设计说明书

对于不同建设规模、不同工程性质、不同工程特点的项目，设计说明书的内容有所不同，所以，在开始介绍设计说明书之前，有必要对项目情况进行简单介绍，这有助于我们了解之后的内容。

介绍完项目情况，就可以进入设计说明书部分了。大中型工业项目的设计说明书一般包括：建设的目的和依据；建设规模；产品方案或纲领；生产方法和工艺；矿产资源、水文地质和工程地质条件；资源综合利用情况；保护环境、治理"三废"的要求；建设工期；投资总额；劳动定员控制数；等等。

3．概算书

概算书的内容主要关于工程建设经费预算，它一般采用表格方式列出各个工期的经费使用情况，用以安排计划，控制投资。

4．工程设计图纸

工程设计说明书必须包含一套工程设计图纸。

5．附件

工程设计说明书的附件主要包括工程设计说明书正文中未包含的合作协议、主管部门审查意见等相关资料。

5.3.2　写作注意事项

在撰写工程设计说明书作时，要明确、详细地提出设计要求和所要达到的设计指标，层次要清晰，条目要分明，文字要规范。另外，要运用专业术语来准确说明设计文案，不能出现有歧义的字、词、句。

5.3.3　范文模板

××××工程设计说明书

一、概况

……

二、设计说明书

……

三、概算书

……

四、工程设计图纸

....

附件：（略）

5.4　毕业设计说明书

毕业设计说明书，也叫毕业设计报告，是工科各专业大学生、研究生等完成全部学业的必修科目之一。它是指工科院校的学生在毕业时，将平时所学的基础理论、专业知识和生产管理知识融会贯通，用工程设计的形式表现出来，从而形成的一种科技文书，其本质是工科毕业生的科技论文。

撰写毕业设计说明书是学生接受工程师工作基本训练的最后一个教学环节，设置该教学环节目的是使学生掌握工程设计的基本方法，督促其学习、熟悉工程设计的全过程，树立正确的设计思想，了解有关工程设计的方针、政策，学会编制技术资料，掌握设计程序、方法和技能，掌握毕业设计说明书的写作规范和基本要求。毕业设计说明书是毕业设计成果的文字表达，是学生毕业资格认定的重要依据。

毕业设计说明书属于描述工程设计的技术性文件，其中的一切内容要以科学定理、计算公式及真实的数据为依据。它是对整个工程设计过程的描述，将被应用于指导工程实践。在撰写毕业设计说明书时，要把整个设计意图、设计特点、设计过程描述得一清二楚。

5.4.1　格式写法

对于毕业设计说明书的写作格式与内容，不同的专业有着不同的要求，但它们也有着基本的共性。一份完整的毕业设计说明书一般由前置、正文、结尾三部分组成。

1. 前置

毕业设计说明书的前置部分由封一、封二、扉页、题名、目录、摘要、关键词七部分组成。这里主要介绍一下题名、摘要、关键词这三部分的格式写法。

（1）题名，即毕业设计说明书的题目，又称毕业设计课题名称。题名不宜太长，应该简短、明确，最好不要超过20个字。题名要揭示出毕业设计说明书的内容、专业方向和学科范畴。在题名中，禁止使用非规范的缩略词、符号、代号和公式。

题名一般有两种写法：一种是由设计项目名称和文种组成，如"××××管理系统毕业设计说明书"；另一种是直接写文种，即只写"毕业设计说明书"即可。

（2）摘要。摘要可以被看作是一篇独立而完整的短文。在摘要中，要简单说明毕业设计的目的、方法、结果和结论，其内容包括：毕业设计的目的与重要性；毕业设计完成的主要工作；毕业设计的结果或结论；结果或结论的意义；等等。

需要注意的是，在撰写摘要时，要用第三人称的方式来说明设计的性质与主题，避免将摘要写成内容简介。摘要的内容要符合逻辑，结构要严谨，表达要简明，语义要确切。

（3）关键词。关键词是供检索用的主题词条，以3~5个为宜，能覆盖毕业设计说明书的核心内容即可。

关键词不可以随意选择，要从报告的题目、摘要与正文中选取，且选取的关键词要对表述毕业设计说明书的核心内容有实质意义。另外，为了便于信息系统采集及读者检索，在使用关键词时，应尽可能符合《汉语主题词表》的用词规范。

2. 正文

正文为毕业设计说明书的核心部分，一般由前言、主体、结论三部分组成。

（1）前言。前言是毕业设计说明书的引论部分，内容包括以下四个方面：

①设计项目的意义。这部分需要简要说明设计项目的意义或价值。

②设计项目的目标、效益。这部分需要简要说明毕业设计要解决的问题、所产生的效益，字数不要太多，100~200字即可。

③设计项目的原理。这部分需要简要说明设计项目运用的设计原理。

④设计经过。这部分需要简要说明设计项目先后经历的时间，以及在设计过程中遇到主要困难等。

因为前言属于概括叙述或简要说明部分，所以要紧扣主题，简单明了，无须展开详述。

（2）主体。主体是毕业设计说明书最重要的部分。在撰写毕业设计说明书的主体部分时，语句要简练通顺，内容要实事求是，结构要合乎逻辑，重点要突出，词汇、图形、图片、表格等要符合相关规范与国家标准。

这部分的内容主要包括设计目标、方案论证、技术手段、设计过程、结果分析等。

①设计目标：阐述毕业设计说明书中的设计可以为用户提供哪些主要功能，解决哪些主要问题，以及最终要实现什么目标。

②方案论证：经过分析、比较不同的设计方案，从中选择一种技术先进、经济合理的方案，并说明选择该方案的原因。

③技术手段：简述选择、确定设计的软硬件环境，以及采用的核心技术、主要算法、全新工艺与材料等。

④设计过程：详细论述设计步骤，之后，再严密论证设计的思路。其间，要对设计方案与原理、实现方法与手段、技术性能与流程做详尽准确的说明，这可以反映出设计者综合分析、解决实际问题的能力。

⑤结果分析：经过总结、归纳设计，再对设计过程中所获得的主要数据、现象进行定性或定量分析，并阐述、分析设计成果所达到的技术指标与技术性能，从而推导出相应的结论。

（3）结论。结论是对毕业设计说明书核心成果的归纳与评价。结论可以独立成段，一般不必单独设定标题，如果结论的内容较多，也可以设置标题。在结论部分，要对设计过程中发现的问题，或有待解决的问题做必要的说明，同时，也要提出自己的见解与设想。

3. 结尾

结尾一般由参考文献、附录、后记三部分组成。

（1）参考文献。在毕业设计说明书中，参考文献必不可少，它可以反映毕业设计说明书的取材来源、材料的广博程度和材料的可靠程度。可供引用的参考文献通常有四类：著作类、期刊类、论文类和网络类。

在引用参考文献时要注意这些问题：要列出主要的参考文献及其作者、出版社、出版年度等；毕业设计说明书中的引用文献要按它们在其中出现的先后顺序进行连续编码，并在正文后另起一页依次排列；在书写格式上要遵循国家的著录格式要求，内容要完整。

（2）附录。附录通常放在文末，但与毕业设计说明书密切相关，能够直接反映毕业设计说明书的成果。常见的附录有程序流程图、源程序清单、公式的推导过程、图纸、数据表格等。

（3）后记。后记是毕业设计说明书末尾的短文，用来说明写作目的、经过或补充个别内容。后记中常有致谢的内容。

5.4.2　写作注意事项

在撰写毕业设计说明书时，在语言表达上要力求简洁明快、通俗朴实，切忌堆砌形容词，也最好不要运用抒情笔调。

在撰写毕业设计说明书时，叙述要准确无误、可靠，计算要准确，引用的公式和数据要有出处。

在撰写毕业设计说明书时，表达要主次分明，条理要层次清楚，文章整体要首尾连贯、前后一致，不得随意颠倒、前后重复。

5.4.3　范文模板

××××工艺设计

摘要（摘要和关键词单独占一页）

············

关键词：······

前言（另起一页）

············

　　第一章　××××原理概述（另起一页）

············

　　第二章　全系统的工艺计算（另起一页）

············

　　第三章　方案对比评述（另起一页）

············

参考文献（另起一页）

....

附录（另起一页）

....

后记（另起一页）

....

5.5 科普说明文

科普说明文，是一种以介绍科学技术、普及科学知识为题材，用文艺性笔调写成的说明文。它运用形象思维方式，生动地阐述科学道理，揭示事物的内在事理，将读者引入多姿多彩、如梦如幻的科学世界。科普说明文一般发表在科普杂志、报纸或专门的科普专著中。

知识性是科普说明文的首要特点。科普说明文中的知识，主要是指自然科学方面的知识，涉及物理、化学、天文学、生物学等各个领域。科普说明文尤其重视基础知识和最新知识，基础知识可以帮助人们建立完善的知识结构，最新知识则可以使人们认识科技发展日新月异的现状。

科普说明文是普及科学知识的文章，是写给广大群众看的，不是写给专家看的，因此，它一般采用浅显易懂的语言，向读者深入浅出地讲解知识。

科普说明文极具趣味性，有些小品式的科普说明文甚至会采用文学手法，笔法灵活，妙趣横生。

根据内容及读者类型的不同，科普说明文可分为知识性科普说明文和技术性科普说明文。

知识性科普说明文又可分为浅说、史话、趣谈、对话、问答等类型。这类科普说明文的主要功能是普及各种科学知识，特别是自然科学各学科的基础理论和基本知识。这类科普说明文一般由"浅"处入手，由"近"处下笔，借助不复杂的论述和大家熟悉的事例，深入浅出地介绍自然科学领域内的基本原理和定义，使读者先获得具体的科学知识，进而理解科学原理。另外，这类科普说明文中也有一些作品会通过循序渐进、逐步提高的说理方式来回答"是什么""为什么"的问题，从而引起读者对科学知识的直接兴趣。

技术性科普说明文又可分为问答型、实验型、图说型、辞书型等类型。这类科普说明文的主要功能是传播生产技能和推广技术新成果，增强人们认识自然和改造自然的本领。这类科普说明文一般多按照技术操作的程序来撰写，准确地把操作的方法、步骤、要领、关键、窍门和注意事项依次交代清楚，并充分利用图示、范例、表格及浅显贴切的比喻来说明原理，指导读者基本掌握相关技术。另外，一些介绍医疗科技或新技术、新工艺的作品常采用设置悬念的手法，先提出引人注目的技术问题把读者吸引住，然后步入正题。

5.5.1 格式写法

科普说明文一般由标题、正文两部分组成。

1. 标题

科普说明文的标题基本采用直陈式，有时也采用设问式。无论采用哪种形式，在拟定时，都要以文章介绍的知识对象为中心依据，且要尽力让标题生动、新颖，以吸引读者阅读。

2. 正文

科普说明文的正文由前言、主体、结尾三部分组成。

（1）前言，即科普说明文的开头。前言是对文章内容的总体介绍，一般先提出说明对象，然后概括介绍它的特征、作用、意义、价值。

前言一般有以下三种形式的写法：

①开门见山式。这种形式的前言其标题往往就是文章的主题，也就是说，文章一开始就径直披露主题。

②落笔入题式。这种形式的前言一般先交代原因、意义、背景、功能、效果、概况等。

③省略式，即省略前言，直接进入正文。

（2）主体。主体篇幅最长，是科普说明文的核心部分，有关说明对象的各种知识就是在这一部分充分展开表达的。这部分的写法没有一定之规，但在结构上有这样的原则：主体部分的内容必须分为若干层次依次表达，层次与层次之间或并列，或递进，或分总，要呈现出清晰的逻辑关系。

（3）结尾。科普说明文的结尾可以指出当前存在的问题，如某篇介绍丹顶鹤的文章在结尾处就提出了在保护丹顶鹤过程中遇到的严重问题；也可以展望未来的发展前景，如某篇介绍基因工程的文章在结尾处就预测基因工程的应用前景；还可以提醒人们注意吸收新的知识，如某篇介绍人工智能的文章在结尾处就告诉读者要时刻注意迅猛发展的人工智能技术方面的新知识。科普说明文可以没有结尾，在主体部分结束时，文章也自然收束了。

5.5.2 写作注意事项

科普说明文要融入多种说明方法，如举例说明、定义说明、诠释说明、分类说明、比较说明、比喻说明、图表说明等，另外，有时也要运用到叙述、描写、抒情、议论这四种表达方式。

科普说明文要写得准确、通俗、朴实、明白，以知识本身的魅力调动读者的阅读趣味，不刻意追求文学性和趣味性。

5.5.3 范文模板

洲际导弹自述
朱毅麟

1957年8月，我在苏联出世。消息传开，曾经使全世界为之轰动，因为我是一种不可多得的战略武器。从此以后，我就成了超级大国军备竞赛场上的第一号种子选手。

我们导弹大家庭中有许多成员。按起飞位置和攻击对象可分为地对地、地对空、空对空、空对地等，按飞行方式可分为弹道式和巡航式，按射程可分为近程、中程、远程和洲际等。我是属于地对地、弹道式、射程超过一万公里的洲际导弹。

我们导弹和炮弹虽然名字只有一字之差，却有着本质的不同；不仅外形尺寸比炮弹大得多，而且内部构造的复杂程度也远非炮弹所能比拟。

我锥形的脑袋里装的是核弹，人称弹头。接近目标时，弹头同身体分离，冲向并炸毁目标。身体呈细长圆柱形，由发动机、制导系统和弹体结构三部分组成。有时弹体末端还有几片尾翼，在飞行时起稳定作用。

发动机使我能在空中一边飞行，一边加速，越飞越快。我自己带有氧化剂，能保证发动机在真空中也可以燃烧工作，直到推进剂（燃料和氧化剂）烧完为止。

制导系统是我的大脑和神经中枢，它指挥我沿着规定的路线飞向目标。弹体结构把身体各部分联结成一个整体。

当我使用液体火箭发动机时，人们叫我液体导弹。当我使用固体火箭发动机时，人们叫我固体导弹。固体导弹的尺寸和重量都比液体导弹小。

打起仗来要分秒必争，时间就是胜利。液体导弹在临发射前要加注推进剂，容易贻误战机，所以，原有的液体导弹都纷纷复员、转业，去做发射人造卫星的运载工具，而留在部队和新参军的全都是固体导弹。

无论就身高、体重、射程和威力而言，我们"洲际"这一分支在导弹家族中都是首屈一指的。我身高有二三十米，胸围三到五米，使用液体发动机时体重一百多吨，使用固体发动机时体重二三十吨。

弹头的重量一般在一吨左右。爆炸的威力有的相当于一百万吨梯恩梯炸药，有的相当于几十万吨。

我有飞得快、爬得高、打得准的绝技，具有强大的威慑力量。我的最大飞行速度在每秒七公里以上，一万公里的路程，半个小时就飞完，即使对方的预警雷达网在飞行中途发现我，立即准备防御或反击，也已经是临阵磨枪，措手不及了。在万里征程中，我大部分时间飞行在几百公里高的外层空间，那里没有空气，可以通行无阻，高速前进，任何常规防空武器，对于我也只能作高不可攀、鞭长莫及的望"空"兴叹。在制导系统指引下，"我行我素"，外界干扰对我不起作用，飞行一万多公里，弹头命中目标的误差不超过一公里，甚至只有二百米。

白天在太阳照射下，我那高大的身体会在地面上映出一条细长的影子，侦察卫星在天上一眼就能识破我的真面目。为了保护我免遭对方"先发制人"的打击，60年代初，人们把我从地面转移到地下，藏在发射井里，整装待命，伺机出击。随着卫星侦察设备的不断改进，从卫星拍摄的照片上可以发现地下发射井的位置，于是地下井也不安全了。人们又想出了"机动发射"的新招，把我装在车辆上转来转去，迷惑对方。

俗话说，"一物降一物"，"有矛必有盾"。虽然我很厉害，但在预警雷达网和导弹预警卫星的监视下，我也不敢轻举妄动。另外还有专门用来打我的反弹道导弹，更是我的冤家对头。

然而,"道高一尺,魔高一丈",我的本领也在不断提高。70年代,人们赋予我"分头术",在快接近攻击目标时,我摇身一变,变出好几个子弹头,叫对方的预警雷达和反弹道雷达真假难分,防不胜防。几个子弹头能分别沿着不同的路线去打击多个目标,在总的爆炸当量相等的情况下,多弹头摧毁目标的效果比单弹头大好几倍。最多时我可以带上八到十个子弹头。这就叫作"分导式多弹头"。

　　"分导式多弹头"大大提高了我的使用价值,一个能顶几个用。这样一来,苏、美两家在"限制战略武器协议"中关于洲际导弹数目规定的条款就成了一纸空文。协议中规定:美国不许超过1 054枚,苏联不得多于1 618枚。实际上,在配上了多弹头以后,双方有效的攻击能力都翻了几番。

(本文引自1986年5月16日《光明日报》)

第6章 科技情报类文书

科技情报是指通过公开信息渠道获取的有关科学发展、技术创新、最新动态的有用知识信息。科技情报类文书，即科技情报的载体。

本章主要介绍科技消息、科技通讯、科技动态、科技信息、科技文摘、科技综述、科技述评、科学广播稿等科技情报类文书。

6.1 科技消息

科技新闻是指科技领域新近发生的事实的报道，它的内容广泛，一般包括：自然科学基础理论方面的重大突破；重大科学假说的提出、证实或否定；技术上的重大突破；对国民经济有意义的技术成就；医学、生理学上的重大成就；新技术的推广运用；自然界的新发现、新现象；古生物、古人类、古文化方面的新发现；生态和环境保护状况；有意思的自然趣闻；对未来科学发展的预测；著名科学家和优秀科技工作者的有关研究情况及颁奖活动；各国科技政策和科普工作情况；重大的国内外科技会议和学术交流活动；等等。科技新闻是普及科学知识的先导，是迅速传播科技新信息的重要手段。

科技新闻可以及时传播科技信息，促进科技交流；同时，它也可以宣传党和国家的科技政策，宣传先进科技，推动科技转化为现实生产力；此外，它还可以向社会大众普及科学知识，推动社会主义物质文明和精神文明建设的发展。

科技新闻作为新闻的一个分支，除了具有新闻的一般特性，还具有准确性（对科学概念而言）、通俗性（对深奥原理而言）、知识性（对普及科学知识而言）。

科技新闻有许多种类，常见的有科技消息、科技通讯、科技评论、科技人物专写、科技特写等，本节主要介绍科技消息的概念、分类、格式写法及写作注意事项。

科技消息是指以概括叙述的方式，用简明扼要的文字，迅速、及时地报道国内外科技领域内的新发明、新发现、新创造、新产品及其他重大科技事件的文书。

根据不同的内容和特点，消息可以分为以下几类：

（1）动态消息

动态消息，主要用来反映国内外近期重大科技活动和科技领域的最新动态，是新闻传媒中最常用、最基本的报道形式。它以叙述为主，用事实说话，一事一报，突出最新鲜、最重要的事实，文字简明，篇幅短小，时效性最强。它突出的是新闻六要素中的"何事"，围绕"何事"来交代"何人""何时""何地"，至于"何因""如何"，当然要提到，但不是动态消息的侧重点。

（2）典型消息

典型消息，又称经验消息，主要是对新近出现的具有代表性和含有普遍意义的典型经验的报道。经验消息以叙写新闻六要素中的"如何"为重点。它通过对一些部门、单位的典型经验及成功做法的报道，反映具体情况，从事实中推出结论，从典型中把握规律。

（3）综合消息

综合消息，是围绕一个主旨，对一定时间或空间内的诸多事实、情况加以综合、归纳、概括、提炼，从而做出报道的消息类型。它既概括说明整体情况，又借助典型材料来加以解释，做到点面结合，反映全局。

（4）述评消息

述评消息是介于消息和新闻评论之间的一种报道形式。它不只需要叙述新闻事实，还需要对所报道的新闻事实进行恰到好处的评论。

6.1.1 格式写法

科技消息的结构比较固定、简单，大多数都采用倒金字塔式。所谓倒金字塔式结构，是指将消息中最重要的内容、概括性的内容放在最前面，然后再进行具体内容的阐述。

科技消息一般由标题、消息头、导语、主体、背景、结语六部分组成。

1. **标题**

标题是消息的"眼睛"。科技消息的标题是对消息内容的高度概括，即用准确、鲜明、生动、凝练的语言揭示消息的中心思想。

科技消息标题的写法非常灵活，常用的科技消息标题有三种：

（1）单行标题

单行标题，即只有一行字的标题。这种标题以叙事为主，要求用简洁明了的文字反映消息的中心内容，如"上海科普编辑创作学术研讨会于昨日召开"。

（2）双行标题

双行标题，即由引题和主题或主题和副题组成的标题。引题主要用来交代科技消息产生的背景，说明相关政策等，位于主题的上方；主题一般用来交代科技消息的中心思想和核心内容；副题一般用来进一步补充说明或解释主题，位于主题下方。

双行标题又可分为以下两种类型：

①主引式标题，即由引题和主题组成的标题，如：

省校双方优势互补　推动产学研相结合（引题）

首都高校积极参与西部大开发（主题）

②主副式标题，即由主题和副题组成的标题，如：

高功率脉冲激光器研制成功（主题）

在工业、科技、国防等领域有重大应用价值（副题）

（3）多行标题。多行标题，即由引题、主题和副题组成的标题。这种标题一般用于重要的科技消息。如：

现代科学研究揭开千古学术悬案（引题）

《夏商周年表》正式公布（主题）

我国历史向前延伸了1200多年（副题）

2. **消息头**

消息头是消息的外在标志，位于导语之前，被用来声明消息的版权和说明消息的来源、时间和作者，如"新华社报道""据新华社电""本报讯""新华社××（地）××月××日电（记者×××）"等。消息头一般包括播发新闻的单位的名称（可用简称）、播发新闻的地点、播发新闻的时间、播发新闻的形式。其中，播发新闻的形式一般分"讯"和"电"两种："讯"主要指通过邮寄、书面递交形式向报社传递新闻报道；"电"主要指通过电报、电传、电子邮件、传真、电话等形式向报社传递新闻报道。

科技消息消息头的格式写法与一般消息消息头的格式写法基本一致。

3. 导语

导语紧接在消息头的后面，用一句话或几句话概括消息的核心内容。导语一般要概括说明消息的时间、地点、人物、事由、结果等，用最简洁的文字将消息中最新鲜、最重要的事实反映出来。

导语是消息全文最关键的部分，有四大使命：一是介绍最重要、最精彩的事实；二是揭示消息的中心思想，将最具新闻价值的要素写进导语；三是引起读者的阅读兴趣；四是力求简练。

在具体写法上，科技消息的导语包括以下五种写作形式：

（1）叙述式。这种写作形式以凝练的语言，扼要而直接地将科技消息中的主要事实叙述出来，是导语最基本、最常见的写法之一。这种写作形式看似简单，想要写得精彩，却十分不易，要注意写出亮点，避免空泛和呆板。

（2）描写式。这种写作形式以展示事物的形象和事件的场景为主要特征。在运用这种写作形式进行写作时，要抓取某一生动形象、鲜明的色彩或有特色的细节加以描绘，但注意要简洁而传神，力避过分雕饰。

（3）提问式。这种写作形式一般先提出问题，引发读者的思考和兴趣，然后做出回答。

（4）结论式。这种写作形式一般先将结论告诉读者，然后阐述和交代科技消息的主要事实。

（5）述评式。这种写作形式既陈述新闻事实，又对新闻事实加以评论。

4. 主体

主体是科技消息的核心内容，要对所报道的事实进行全面、具体的叙述和说明。主体部分应承接导语展开叙述，可对所述事实或问题进行评说、议论，但不宜进行过多的描写和论述，要注意行文的精练。

在安排科技消息主体部分的结构时，要注意内容之间的逻辑辩证关系、事物之间的必然联系，做到内容条理清楚，文章说服力强。

5. 背景

在撰写科技消息的过程中，有时需要交代一下背景，目的在于帮助读者深刻理解科技消息的内容和价值，起到衬托、深化中心思想的作用。

背景材料可以单独作为一个段落，也可以穿插在科技消息的各部分当中。有些科技消息比较简短，可以不用背景材料。在撰写背景材料时，要紧扣主旨，与主要材料协调配合；要重点突出，详略适宜；要灵活穿插，力求生动、活泼。

6. 结语

结语是指科技消息最后用来总结全篇、深化中心思想的一段简短文字。许多科技消息没有专门的结语，文章随着主体结束而自然收束。

结语的写法也是多种多样的，可以采用小结式、评论式、展望式、希望式、启迪式、描写式、引语式等多种形式。

6.1.2 写作注意事项

真实性是消息的"生命"之所在，所以在撰写科技消息时，一定要把事实弄清楚，并且核对无误，切勿随意虚构、夸大。科技消息具有传播科学知识的功能，在这一点上要更加注意，在采写时更要保证全面、真实、客观。

在撰写科技消息时，要写得通俗、生动、形象，具有可读性。缺少通俗性、生动性的科技消息不易于普通读者阅读和理解。

6.1.3 范文模板

科学家发现遥远的"婴儿期"星系

参考消息网8月15日报道 外媒称，智利阿塔卡马大型毫米波/亚毫米波天线阵（ALMA）望远镜发现了一个非常遥远的星系，与银河系有着令人难以置信的相似度。

据西班牙《阿贝赛报》网站8月12日报道，研究发现，来自这一名为"SPT0418-47"星系的光线花了120亿年才到达我们这里。也就是说，天文学家正在回望一个在宇宙诞生后14亿年就形成的星系。

报道称，它带来的另一个惊喜是，与预期相反，它具有非常和谐稳定的形状，而此前的理论认为，宇宙诞生早期所有星系都是动荡不安的，很可能是互相撞击、合并后形成的大而无序的恒星团。

德国马克斯·普朗克天文学研究所博士生、该研究主要作者弗朗西斯卡·里佐表示："这是星系形成领域的一项突破，表明我们在附近的螺旋星系和银河系中观察到的结构在120亿年前就已经存在了。"

报道指出，尽管SPT0418-47并没有我们习惯在银河系中看到的大型螺旋臂，但它确实具有与我们银河系相似的两大特征：一方面，它具有一个圆盘和中心的巨大隆起，另一方面，有大量恒星围绕着它。这意味着SPT0418-47是人类有史以来发现的最遥远的类似银河系的星系。

荷兰格罗宁根大学卡普特恩天文学研究所专家菲利波·弗拉泰尔纳利说："最大的惊喜在于发现它实际上类似于较接近我们的其他星系，这与我们从先前不太详尽的观测中推断出的结果相反。"

报道称，由于它们相距甚远，因此即使通过最强大的望远镜也无法进行细致的观察。研究团队通过一种被称为"引力透镜"的现象使ALMA能够以前所未有的细节观察遥远星系。

（本文引自2020年8月15日参考消息网）

6.2 科技通讯

通讯，又称通讯报道，是报刊、广播、电视等新闻媒体经常使用的一种主要的新闻体裁，是新闻报道中的"重武器"。

科技通讯是科技新闻中的基本体裁，以比较具体、生动的手法报道具有新闻价值的科技人物、科技成果、科技活动、科技工作经验等。

根据报道内容的不同，科技通讯可分为科技人物通讯、科技事件通讯、科技工作通讯和科技风貌通讯。

（1）科技人物通讯，即以科技新闻人物为报道对象的通讯。它既可以用于写个人，也可以用于写群像。在撰写科技人物通讯时，应注意选取有代表性的人物作为报道对象，注意写出人物的鲜明特点，选取反映人物言行举止特征的材料，遵循实事求是的原则，不能添枝加叶、浮夸拔高。科技人物通讯有多种表现手法，如以事写人、以言见人、以景见人、以论写人、细节表现、夹叙夹议等，要避免"见事不见人"情况的出现。

（2）科技事件通讯，即以科技新闻事件为报道对象的通讯。它既可以用于反映科技领域中发生的重大的、振奋人心的典型事件和突出事件；也可以用于从某一科技新闻事件中截取一个或若干个片段来进行细致详尽的描述，从而揭示事件的深刻含义；还可以用于对若干科技事件进行综述。

（3）科技工作通讯，即以先进科技工作经验或某项科技工作的成就和存在的问题为主要报道内容的通讯。

（4）科技风貌通讯，即反映某一地区、某一企业的群体性科技活动的通讯。在撰写科技风貌通讯时，要着力反映新貌，并抓住特色，点面结合，详略得当。

6.2.1 格式写法

在撰写科技通讯时，可按照通讯的格式写法进行撰写。一篇完整的通讯一般由标题、正文两部分组成。

1. 标题

通讯的标题可以采用单行标题，也可以采用双行标题。其中，双行标题的主题点明文章的中心思想，副题主要说明报道对象或补充新闻的来源。

在拟写通讯的标题时，要保证标题准确、醒目、新颖、简洁。

2. 正文

通讯的正文一般由开头、主体、结语三部分组成。

（1）开头。开头是整篇通讯的"眼睛"，不仅有"文眼"的美称，还有引述下文的作用。因此，如何撰写开头对撰写通讯来说是极为关键的一步。

通讯的开头主要包括以下三种写作形式：

①借问题制造悬念。这种写作形式一般会在文章开头提出一个问题，使读者迫切想要了解这个问题的始末，从而引起读者的好奇心和兴趣，俗称"吊胃口"。

②以景托情。这种写作形式在开头或有力地衬托下文，为全文做好铺垫；或扣住读者的心弦，引起读者情感上的共鸣。

③解释说明。在记述一个事物或事件时，如果它不是为读者所熟悉的，那么在开头就需要向读者解释清楚。

（2）主体。通讯正文的主体需要对报道对象进行全面、完整的反映，常见的结构有：纵式结构，即按事物发展的时间顺序或逻辑递进关系组织材料；横式结构，即将不同的空间、场景、人物、事件的材料组织在一起；纵横结合式结构，即将纵式、横式两种结构有机地组合在一起，以其中一种形式为主，构成通讯的主线，另一种为辅，穿插在其中。

（3）结语。通讯的结语可以专门对全文进行总结，将事件提升到一定的高度或揭示出事件的典型意义。不过，有的通讯没有结语，可以选择随着事件的结束自然收尾。

6.2.2　写作注意事项

在撰写科技通讯时，首先要确定文章的中心思想。中心思想的提炼要有深度。一篇通讯是否成功，主要看其中心思想是否正确、深刻，能否为读者提供科学的见解、有益的知识、健康的情感，是否有利于物质文明和精神文明建设。

在撰写科技通讯时，要按照文章中心思想的要求，严格掂量材料、选取材料，力求用最能反映事物本质的、具有典型意义的、最有吸引力的材料说明主题。

6.2.3　范文模板

目击杨利伟飞天归来

今天清晨6时23分，中国首飞航天员杨利伟乘坐"神舟"五号载人飞船从太空归来，平稳着陆于内蒙古中部草原。

此刻，五星红旗正从北京天安门广场徐徐升起。身着乳白色航天服的杨利伟向在场的人们挥动手臂，轻快地跨出外表被大气层摩擦烧灼成古铜色的返回舱。

记者喊道:"杨利伟,我们接你来啦,对全国人民说几句话吧!"

杨利伟笑了,笑容在朝阳映照下无比灿烂。他说:"飞船运行正常,我自我感觉良好,我为祖国感到骄傲。"

42年前,苏联航天员加加林乘坐"东方号"飞船升空,人类第一次亲眼看到地球表面的形态——淡蓝色的晕圈环抱着地球,与黑色的天空交融在一起;今天,第一个中国航天员乘坐我国自行研制的"神舟"五号飞船,亲眼看见了地球在星空中的奇观。中国由此成为世界第三个能够独立开展载人航天的国家。

着陆场系统总指挥夏长法是奔向返回舱的第一人。工作人员刚一打开横卧在地的返回舱舱门,他就急切地问:"杨利伟,你怎么样?"

仰坐在座椅上的杨利伟转过头来,平静地回答:"我很好。"

真是天公作美,昨天这里还刮着大风,而今夜却是明月星空,几乎感觉不到风吹,一望无垠的大草原敞开胸怀,与我们一起静静等待着从太空归来的中国首位航天员。

6时左右,有人喊起来:"看,天上有颗星在飞!"

搜救人员纷纷下车,在-4℃的旷野上抬头仰望。只见一颗明亮的"流星"正从月亮边划过。一位技术人员告诉记者:"这是与返回舱分离后的轨道舱在运行,减速制动后的返回舱马上就要进入大气层了!"

6时07分,一团火球在西南方的天空向我们飞近,那是进入稠密大气层的返回舱,正在与大气摩擦燃烧中飞来。

6时12分,空中传来"嘭"的一声震响,表明面积达1 200平方米的主降落伞已打开。人们更加急切地向空中眺望。

"来了,来了!在那儿!"6时17分,一个黑点在已泛出曙光的东方天空出现,并且越来越大。

"杨利伟回来啦!"大家旋即跳上车,向返回舱飘落的方向追去。

降落伞悬挂着返回舱,在我们的车头前缓缓飘落。记者抬腕看表,正是6时23分。

我们脚下的这片土地,当地牧民称之为"阿木古朗"草原,在蒙古语中是"平安"的意思,这真是个好地名!

8时15分,杨利伟乘坐的直升机从沸腾的内蒙古大草原起飞,向附近的机场飞去。他将在那里换乘专机飞回北京。

内蒙古草原，这片在历史上曾孕育了一代天骄成吉思汗的神奇土地，今天又因天之骄子杨利伟的完美着陆而续写出中华民族新的传奇。

（本文引自2003年10月17日《解放军报》）

6.3 科技动态

科技动态是对科技领域里具有前沿性的科技成果及发展趋势进行报道的一种科技情报类文书。它的报告对象是国内外最新的科学发现、发明、创造，以及整体性的科研情况和趋势。

科技动态是科技文书和新闻报道相结合的产物，它可以向全社会及时报告最新的科技成果和科技发展趋势，使人们迅速、及时地了解科技发展的现状和前景。

对于科技工作者来说，科技动态可以及时向他们提供科技情报，使他们对整个科技界的基本情况及自己研究的领域，都能有比较透彻的了解，做到"知己知彼，百战不殆"；对于科技管理工作者来说，科技动态可以使他们全面了解科研情况，掌握科技最新发展动向，在工作中能够根据实际情况及时决策、适时指导；对于普通群众来说，科技动态可以丰富他们的科学知识，改善他们的知识结构，从而促进社会整体精神文明建设水平的提高。

科技动态具有以下三个特点：

（1）新闻性。科技动态的新闻性包括三个方面的含义：一是内容真实——科技动态所报道的是发生在科技领域里的有价值的事实；二是时效性强——科技动态能够迅速、及时地报告最新的科技发展状况和成果；三是知识性强——科技动态能够满足人们在科技方面的强烈求知欲。

（2）科学性。科技动态不是一般的新闻报道，它既强调报道的内容必须是科技领域里新发生的事实，又强调写作方法的科学性。另外，科技动态也强调科学的态度，即实事求是：要真实，要严谨，对任何事实的报道，都必须尊重科学规律和科学原理，不能轻信，不能想象，不能添枝加叶，不能妄加评议。

（3）专题性。科技动态不是对全面情况的泛泛陈述，它以专题的形式对某个成果、现象、趋势进行报道，内容集中，针对性强。

6.3.1 格式写法

科技动态一般由标题、正文两部分组成。

1. 标题

科技动态的标题要显示所反映的基本事实，可以带有"动态"二字，如"××××产业的技术动态"；也可以不带"动态"二字，直接对事实进行表达，如"新型防护服面料研制成功""美生物学家发现：生物蛋白可用于生产纳米电路"。

2. 正文

科技动态的正文由导语、主体、结语三部分组成。

（1）导语。导语是科技动态正文的开头部分，概括介绍科技最新发展动向。对于篇幅长的科技动态，一般需要一个自然段作为导语；而只有一个自然段的、篇幅短小的科技动态，一般开篇第一句话就是导语。导语通常需要将时间、地点、事件等要素表达清楚，并且需要起到吸引读者阅读的作用。

（2）主体。主体是科技动态正文的核心部分，是对导语的展开阐释。主体的内容主要包括：描述基本事实及其过程；提供主要观点和可靠数据；对事实发生的背景进行介绍；对事实的意义和价值进行评价；对发展的趋向及其应用前景进行预测；等等。

如果在导语中没有出现人物、原因、结果等要素，那么需要在主体中进行补充。

（3）结语。科技动态的结语一般叙述反对者和支持者对此的态度。

6.3.2 写作注意事项

科技动态的写作对象必须是新颖独到的科学发现、发明、创造。

在科技领域里，对某种科技成果和发展趋势的表述，往往有些特殊的概念、称谓、习惯用语和表达方式，因此，在撰写科技动态时，要遵照常规和习惯用语对相关科技成果和发展趋势加以表述。

6.3.3　范文模板

美生物学家发现：生物蛋白可用于生产纳米电路

美国东部时间5月29日（北京时间5月30日）消息，美国Whitehead生物医学研究所主要负责人苏姗·琳达奎斯特和同事们近期在美国国家科学院士期刊上发表文章，声称可以将变异的生物蛋白用于生产纳米电路。这种导致蛋白质变异的物质被称作蛋白病毒（prions），可以引发神经退化类的病症如疯牛病、老年性痴呆等，研究者从中成功地分离出能与金粒子相兼容的纤维，进而用于制造纳米电路。这些80至200纳米宽的电线拥有传统实心金属线的所有特性，比如对电流的低抵抗性。

Whitehead生物医学研究所和美国芝加哥大学的研究人员声称已经成功地将这种持久、自组装的蛋白病毒纤维作为模板，在上面加注金、银粒子，并开发出超薄型电路。苏姗·琳达奎斯特解释说："很多人在致力于研究纳米电路，试图使用传统电子工程由上而下的结构技术来入手，而我们的重点恰恰相反——由下而上——我们试图让分子的自组装特性主动解决这个麻烦的问题。"

美国凯特林大学物理系教授、材料科学专家伯瑞姆·瓦施纳娃表示，尽管利用纤维的自组装特性来制造纳米线路并不新鲜，但是利用蛋白质纤维却是一项全新的技术。美国海军实验室生物工程研究中心负责人杰尔史努表示这项研究实在令人振奋。他解释说分子的自组装性是任何活着的有机体的特质，分子可以自动组成细胞，细胞再形成细胞组织，而细胞组织再组成器官等等。

众所周知，制造超小型计算机、光开关或者可以被导入体内的生物医学设备可以为电脑和医学领域开创全新的发展空间，但是到目前为止纳米微电路的大规模生产还是让研究人员颇为头疼的问题。苏姗·琳达奎斯特和她的同事们没有将精力放在开发金属线路上，而是让蛋白病毒充分发挥主动性，让它们组建出相当薄的纤维模板。尽管这种纤维是绝缘体，不具备导电性，但是当金、银粒子加注在纤维模板上之后它们便可以出色地完成此项任务。

但是，在接受新闻媒体News Factor网络的采访时，耶鲁大学纳米电子工程学专家马克·瑞德对此提出质疑："我们不能忘记，有一些新闻媒体为了赢利，不断公布一些伪造的科学研究，我宁愿将我的评论范围限定在一些科学性的文学作品中。"比如2002年，贝尔实验室以伪造实验数据为名解雇了纳米电子工程的研究人员简·亨瑞克·施库，此事当时反响甚大。不过，Whitehead生物医学研究所的媒体关系经理凯里·怀特洛克告诉News Factor的记者，苏姗·琳达奎斯特依然坚守她的研究和结果。

（本文引自2003年5月30日新浪网）

6.4 科技信息

科技信息是科技情报传播的载体。其中，世界各国科学研究、技术发展的最新情报，尤其是将科技用于生产方面的新动态、新趋势、新情报和新产品等，是它报道的重点。及时反映和传播科技信息，有利于世界科技成果的广泛交流，有利于将最新科技成果迅速转化为生产力，有利于促进世界经济的共同繁荣。

科技信息的使用只限于科技及其应用方面情报的报道。科技信息具有以下三个特点：

（1）创造性。创造性是科技信息的首要特点。不论是科学信息，还是技术信息，都具有创造性。所谓创造性，即"发前人之未发，见前人之未见"，把科学上的新发现和新创造、技术上的新成就和新开拓及时报道出去、传播开来，以利于把科技转化为生产力，造福人类社会。

（2）新颖性。科技信息是对最新科技成果、最新技术开发的迅速报道，那些科技上的老成果，或不具有尖端性、新颖性的科技成果，不在其报道范围之内，因此，科技信息具有新颖性。

（3）简明性。科技信息中的内容来源于科技论文和技术报告，但科技信息同科技论文、技术报告在写法上是不一样的。科技论文讲究对科学上的新发现、新发明、新创造进行有理有据的论证，技术报告侧重于对技术上的新实验、新开拓、新成果进行详细的解说。科技论文和技术报告的篇幅往往都比较长。而科技信息则需要用简明扼要的语言客观地报道科技成果，因此，科技信息在篇幅上比科技论文和技术报告都要短小，它在内容说明上也更为简洁明了。所以，简明性是科技信息的一个重要特点。

按照不同的分类标准，科技信息可分为不同类型。按照所涉及领域的不同，科技信息可分为科学信息、技术信息和产品信息：科学信息，即报道科学研究领域的新发现、新发明、新创造的信息载体；技术信息，即报道技术领域的新实验、新开拓、新成果的信息载体；产品信息，即报道将科技成果运用于生产领域而制造出来的新产品的信息载体。按照时限的不同，科技信息可分为已实现的科技信息和预测性的科技信息：已实现的科技信息，即报道已经成为现实的科技情报；预测性的科技信息，即报道未来的、将要实现的科技情报。

6.4.1 格式写法

科技信息一般由标题、正文、落款三部分组成。

1. 标题

科技信息多用文章式标题，如"日本发现碳60高温超导物质""光子计算机走向实用"等。当然，科技信息也可使用双行标题，如"××××加入智能手机争夺战　筹划推出'资料随身看'新产品"，其中，"××××加入智能手机争夺战"是引题，"筹划推出'资料随身看'新产品"是主题。

2. 正文

科技信息的正文由开头、主体、结语三部分组成。科技信息的正文多采用消息的写法，或者类似消息的写法。

（1）开头。科技信息的开头部分可以按照消息导语的写法，或者类似导语的写法，一般先概括该篇科技信息的主要内容。

（2）主体。科技信息的主体部分需要较为详细地说明科技成果或技术开发的性质、特点和价值等，有的还需要提供相关背景材料。

（3）结语。有的科技信息有结语，有的则没有结语。没有结语的科技信息一般选择在主体部分完成后自然收束。

3. 落款

落款，即在科技信息的文末注明该篇科技信息的作者，并用括号括起来。

6.4.2 写作注意事项

在撰写科技信息时，要尽量清楚新科技成果的基本情况、价值、现实意义和未来前景。

在撰写科技信息时，要尽量突出报道对象的创造性和新颖性。

6.4.3 范文模板

用细菌采石油

近几年来，澳大利亚利用细菌开采石油的试验已获得明显效果。在试验中，澳大利亚研究人员采用了一种叫生物刺激（BOS）的技术。这项技术是堪培拉大学的研究人员发明的，曾于1988年获得专利，后来又得到改进。

这项技术的主要特点是：首先把一种特殊的营养物投入油井，这种营养物能改变井内细菌的外皮，从而使细菌黏附在岩石孔隙内的油滴上。接着，增大增重了的油滴便会从岩石孔隙内掉下来，并同其他油滴合并。最后，这些油滴被自由流动的油流带走，油流则被油泵抽到地面。

在昆士兰州奥尔顿的试验表明，BOS技术还可使成本降低，每抽一桶油耗费不足一澳元。此外，BOS技术还能减少抽水量，其原因是：细菌经改变后可乳化油和水，这种复合物可阻止较轻的水和气通过石油进入竖井。

获准应用BOS技术的墨尔本汽油服务有限公司（PTY）已耗资5 500万澳元用于试验和改进BOS技术。同时，这家公司还将在英国北海油田的一些平台上试验这项技术，预计它们每天可多产油4万至6万桶。

据认为，在世界各地，利用目前采油技术能够开采的石油储藏量只有1万亿桶，而这只是实际储藏量的30%，因为70%的石油被圈闭在岩石的孔隙中，无法开采。以美国为例，在过去的5年里，多达10万余口油井在被开采出30%的石油后遭到废弃。

为开采大量储存在岩石孔隙的石油，世界各大公司花费了大笔资金应用常规的强化采油（EOR）技术，但收效甚微。澳大利亚科学家确信，BOS技术可解决这些公司存在的这个极为伤脑筋的问题。（张文学）

（本文引自1991年8月12日《经济参考报》）

6.5 科技文摘

在各类文献中，作者本人的原始文章和著作为原始文献，又称一次文献；在一次文献基础上加工缩编后形成的新文献为二次文献；在一、二次文献的基础上，采用归纳、分析、表述、评论的方法综合而成的文章为三次文献。文摘属于二次文献。文摘，即简明、确切地记述一次文献重要内容的语义连贯的短文。一系列文摘条目有序排列，即构成文摘刊物，它是比目录式检索刊物更为有用的检索工具。

由上面文摘的定义可知，文摘是对文献主要内容的摘述，但它与报告或论文的摘要是不同的：文摘是一种独立的文体，摘要并不是一种独立的文体，而是报告或论文的组成部分，只有当文摘刊物将摘要单独发表时，摘要才被看作文摘。

当今时代是科技迅猛发展的时代，专业科技工作者如果想要把握所关注领域的科技进展情况，使自己始终紧跟科技前沿，就有必要全面掌握该领域的重要科技信息。然而，科技发展速度太快，由此产生的科技信息量是十分巨大的，此时完全依靠一次文献去了解相关领域的科技进展显然是十分困难的，而通过二次文献的阅读，可以大大提高文献搜集和阅读的效率，这是全面掌握相关领域科技进展情况的一条捷径。

科技文摘，是以简洁精练的文字概括的科技文献的精华部分，通过它，我们可以将科技文献的主要内容呈现给读者。科技文摘是系统地报道、检索科技文献的重要工具。

科技文摘既有题录，又有一次文献的内容摘要，因而可以为读者提供查找所需文献的线索。同时，它把分散的文献，以短小精悍的篇幅，内容完整地汇集在一起，使读者只要浏览文摘，不用查阅原文，就可以获得大量的信息，了解相关学科的发展动向。

科技文摘一般可分为报道性文摘、指示性文摘和报道指示性文摘。

（1）报道性文摘，亦称情报性文摘或资料性文摘，这类文摘是对一次文献最完整的浓缩，它概述一次文献中的基本论点，向读者提供一次文献中的全部创新内容，并列出其中所包含的重要定量数据。报道性文摘的内容主要包括：研究对象、范围、目的；研究方法、实验过程；研究结果、所取得的重要数据、新的发现；研究得出的重要结论、采取的措施和提供的建议；等等。

（2）指示性文摘，亦称概述性文摘，这类文摘一般只对一次文献做扼要叙述，给读者提供一个指示性的概括说明。指示性文摘仅简略地介绍一次文献的要点，指出研究的对象或问题，有的只对标题做简明的解释。这类文摘主要起检索作用，使读者对一次文献有一个粗略的印象，决定是否需要依此线索去查找、阅读原文。指示性文摘的内容主要是根据一次文献的前言、各级标题、结语来编写，即从一次文献中选择最有意义的关键词和词组来概述研究的对象、问题或文章要点，它通常不包括具体的研究过程和定量数据，缺乏实质性内容。

（3）报道指示性文摘，以报道性文摘的形式表述一次文献中信息价值较高的部分，而以指示性文摘的形式表述其余的部分。

6.5.1 格式写法

在编写科技文摘时，可按照文摘的格式写法进行编写。科技文摘一般由题录、文摘正文、补充著录事项三部分组成。

1. 题录

根据相关国家标准的规定，期刊论文的题录应包括分类号、文摘序号、中文题名、著者、刊名、年份、卷（期）号、所在页码等；书籍的题录应包括分类号、文摘序号、中文书名、著者、出版地点、出版单位、出版年份、总页码等；专利文献的题录应包括国际专利分类号、专利号、专利权所有者（或专利发明者）、申请日期、中文题名等。

2. 文摘正文

文摘正文一般包括以下内容：

①目的——研究、研制、调查等的前提、目的和任务，所涉及的主题范围。

②方法——所用的原理、理论、条件、对象、材料、工艺、结构、手段、装备、程序等。

③结果——实验的、研究的结果，数据，被确定的关系，观察结果，得到的效果，性能等。

④结论——结果的分析、研究、比较、评价、应用、提出的问题，今后的课题，假设，启发，建议，预测等。

⑤其他——不属于研究、研制、调查等的主要目的，但就其情报价值而言也是重要的信息。

一般来说，报道性文摘的方法、结果、结论应写得详细，目的等内容可以写得简单些，根据具体情况也可以省略；指示性文摘的目的应写得详细，方法、结果、结论等内容可以写得简单，根据具体情况也可以省略。

3. 补充著录事项

补充著录事项起到指示检索作用，通常包括一次文献所附参考文献、插图和表格的数量，与一次文献有类似内容的研究、论述的作者及出处。若一次文献中有错误，或者其中的某些观点不正确，文摘员可加"摘者注"进行说明。在补充著录事项后面，注明文摘员姓名，并用圆括号括起来。

6.5.2　写作注意事项

在编写科技文摘时，要客观、如实地反映一次文献，切不可加入文摘员的主观见解、解释或评价。如果一次文献有明显的原则性错误，可加"摘者注"。

在编写科技文摘时，结构要严谨，表达要简明，语义要确切。科技文摘一般不分段落。

一般用第三人称的写法来编写科技文献，比如，采用"对……进行了研究""报告了……现状""进行了……调查"等记述方法，标明一次文献的性质和文献主题，不必使用"本文""作者"等作为主语。

在编写科技文摘时，要采用规范化的名词术语（包括地名、机构名和人名）；对于尚不是通用的、规范化的词，以使用一次文献所采用的词为原则。

在编写科技文摘时，行文要合乎语法、逻辑。

6.5.3 范文模板

××××实验

题录：（略）

〔目的〕对××××进行了××××的各方面研究以评价××××的作用。

〔方法〕……测试了……

〔结果〕实验是在××××的情况下进行的。××××也是变化的。

〔结论〕……是可行的。

补充著录事项：（略）

6.6 科技综述

在"6.5科技文摘"这一节中已经说过，由于科技发展速度太快，产生的科技信息量巨大，完全依靠一次文献去了解相关领域的科技进展情况，无疑会耗费科技工作者大量的时间，因此和科技文摘一样，科技综述也是全面掌握相关领域科技进展情况的捷径之一。

有些科技综述的写法是作者针对某一科技问题或专题，通过搜集大量相关文献资料，在仔细阅读并深入理解和消化实质内容的基础上，去粗取精，把能代表该研究领域前沿水平的观点、论据及其研究成果等进行系统的汇总、整理，并据此进行系统的分析、论证，得出作者自己的判断或结论。还有一些科技综述的写法是以资料收集、整理和概括为主，很少有作者主观的意见，这种写法的目的在于介绍客观情况，提供文献资料，为读者提供方便。

科技综述的研究对象是科技文献，它使一次文献、二次文献变成三次文献。科技综述能够比较全面、系统地反映国内外某一学科、某一专业在某一时期内的发展历史、现状及趋势。

科技综述的责任不是通过研究开发出新的成果，而是通过对已有的成果进行归纳、整理和评述，为这一专题的研究人员提供可以借鉴的情报。

按照所涉及范围的不同，科技综述可分为综合性综述、专题性综述。综合性综述中的典型代表是年度综述。一些科研部门或科技管理部门为了总结本单位、本地区的科技成果，汲取经验以利于今后科技工作的进步和发展，同时也为了向社会宣传自己在科技方面的成绩，采用以年度为单位来撰写科技综述。专题性综述是对某一个科技专题所做的综述，它的针对性更强，内容更集中。

不论哪种类型的科技综述，都是作者在搜集了大量文献的基础上编制而成的，故其浓缩了大量一次文献的知识内容。因此，优秀的科技综述便于科技工作者了解相关研究领域的起点和切入点，为他们选定科研题目提供参考；同时它也能够大大节省这些科技工作者搜集和阅读专业文献的时间，提升他们收集、利用情报信息的效率。科技综述也是不同专业的科技工作者相互了解学科交叉知识和进展情况的有效途径。科技综述可以使科技管理工作者对某一研究课题的发展水平、存在问题、应用价值及发展趋势有所了解，为科技管理部门进行科学决策提供依据。此外，科技综述的撰写和阅读也有利于科技工作者发现问题、寻找新的研究方向。

科技综述具有以下三个特点：

（1）综合性强。科技综述的最大特点体现在一个"综"字上，它将一个专题之内众多的、散乱的相关资料和成果汇聚在一起进行整体性观照，通过分析、厘定、梳理、排序，再重新组织在一起，构成一篇结构谨严、层次分明、意义清晰、表达流畅的文章。科技综述的撰写跟科学研究一样，是一个艰难的劳动过程。

（2）信息量大。在纵向上，科技综述可以全面、系统地反映某一学科、专业，某种技术、产品的发展历史或在某一时期内的发展概况；在横向上，科技综述能全面、系统地反映主要国家、主要地区、主要研究机构等的科技水平。

（3）有创造性。科技综述不是资料的罗列，而是作者再创造的成果。

6.6.1 格式写法

由于科技综述的撰写目的和服务对象的不同，它的内容也会有所不同，但不同内容的科技综述，其格式结构是相近的，都由标题、正文、附录三部分组成。

1. 标题

科技综述的标题没有既定的统一写法，可以由研究课题名称和"综述"二字组成，如"××××课题综述"；也可以不加"综述"二字，如"××××技术领域××××研究重要进展""××××研究现状"等。

这里需要说明的是，如果发表在专业学术刊物上，科技综述要像一般的科技论文一样，在文前加上摘要、关键词。摘要和关键词是学报等学术刊物文章格式的必备部分。

2. 正文

科技综述的正文由前言、主体、结尾三部分组成。

（1）前言。前言部分需要简明扼要地介绍撰写该综述的原因、目的、意义等。通常情况下，前言部分只有一个自然段，要尽量写得简单一些，紧扣主题。

（2）主体。主体是科技综述的核心部分，主要包括既往状况、当前状况、发展趋势等内容。

①既往状况。这部分是回顾性叙述，主要叙述研究课题过往各阶段的发展状况和特点，研究课题原有的基础、水平和条件，有关理论概念等。

②当前状况。这部分的内容主要包括：理论科学研究建立的新概念、新公式、新理论、新假说，以及围绕它们的各种不同的学术观点和见解；工程技术科学研究出现的新工艺、新方法、新产品、新技术，获得这些成果的途径、方法、条件，以及这些成果产生的效应、效果；等等。另外，对于不同学派观点和争论的意见及悬而未决的问题，也应在科技综述中进行客观的反映。

③发展趋势。这部分主要介绍目前正进行的工作、初步的结论、与研究课题有关的科研新动向，以及其他能够揭示发展趋势的情报信息。

（3）结尾。结尾部分需要简要地陈述在情报研究中获得的结论，或发现的问题、分歧，或对未来进行的预测、展望等。这部分内容要写得明确、得体。

3. 附录

附录是附在科技综述正文后面的参考文献目录。可以说，附录是科技综述的撰写依据，同时也为读者提供了相关资料。科技综述附录的写法与一般论文参考文献的写法相同。

6.6.2 写作注意事项

在撰写科技综述时，对一次文献的取舍要公正、客观，避免先入为主。

在撰写科技综述时，不仅要叙述研究课题的研究状况和主要成果，还要适当地对这些状况和成果的意义、价值、作用、前景进行评价和预测。在撰写过程中要注意"述"和"评"的关系，"述"而不"评"会降低文章的认识价值，"评"得过多又会失去科技综述以"述"为主的本性。

在撰写科技综述时，文字要简洁，尽量避免大量引用原文，要用自己的语言把作者的观点说清楚，从一次文献中得出一般性结论。

科技综述的撰写要紧紧围绕课题研究的问题，确保所述的已有研究成果与研究课题直接相关。科技综述的内容是围绕研究课题紧密组织在一起的，既能系统、全面地反映研究对象的历史、现状和趋势，又能反映研究内容的各个方面。

科技综述的撰写要全面、准确、客观，用于评论的观点、论据最好来自一次文献，尽量避免使用别人对一次文献的解释或综述。

6.6.3 范文模板

××××抗性基因工程研究进展
×××　　×××　　×××

摘要：……

关键词：……

　　……

××××是世界上广泛栽培的重要造林树种之一，我国是××××资源丰富的国家，从新疆到东部沿海，从黑龙江、内蒙古到长江流域均有分布，现已成为世界上××××面积最大的国家。

××××因速生丰产、实用性强、分布广、无性繁殖能力强，且基因组较小而成为研究林木生理和利用基因工程方法进行遗传改良的理想模式植物。但由于××××具有生长周期长、树体高大等特点，极大地限制了××××传统育种工作的开展。也就是说，用常规育种的技术要在短时间内培育出人们所希望的××××新品种是很困难的，尤其……

…………

本文对近些年来国内外利用基因工程技术对××××进行××××研究的现状进行了概述，并对研究中存在的问题……

1　国外××××抗性基因工程研究现状

1.1　生物抗性方面

1.1.1　抗除草剂

……随后又成功地将抗除草剂基因转入××××，这是××××抗性基因工程研究的开端。

1.1.2　抗虫

…………

1.1.3　抗病

…………

1.2　非生物抗性方面

…………

2　国内××××抗性基因工程研究现状

××××基因工程育种是××××工程研究领域的一个重要部分，它可在体外定向进行基因重组和基因改造，通过相应的载体实现基因转移。我国利用基因工程技术进行××××抗性遗传改良起步虽晚，但进步较快，取得了一些可喜成绩。

2.1　生物抗性方面

2.1.1　抗虫

…………

2.1.2　抗病

…………

2.2　非生物抗性方面

…………

3　××××抗性基因工程研究中存在问题

××××抗性基因工程研究虽然取得了一些突破性进展，但同××××

相比，仍然还处在一个初级阶段，还存在着许多问题有待于去研究和解决。

  3.1 抗性基因工程研究存在局限性

  …………

  3.2 有利于××××抗性遗传改良的外源基因来源贫乏

  …………

  3.3 抗性基因构建、转化及检测技术需要进一步研究开发

  …………

  3.4 其他问题

  …………

  综上所述，××××技术已在××××抗性改良中得到了应用，培育出一批具有一定××××能力的转基因植株。虽然在其实际操作和应用过程中还存在着一些问题，然而随着现代分子遗传学的迅速发展和××××技术的广泛运用，使一些常规育种技术难以解决的育种问题（抗逆性与抗病虫育种）有可能得到解决，也为××××抗性的进一步改良提供了……

  附录

  …………

6.7 科技述评

  科技述评也是全面掌握相关领域科技进展情况的捷径之一。所谓科技述评，即针对某一学科、技术等专题，全面搜集国内外有关文献，经过整理、鉴定、分析、综合，然后根据国家科技政策和学科理论进行叙述和评价的一种情报研究成果。其中，反映某一学科或某些综合性领域里的整个科学和技术状况、发展水平并加以评论的为综合性科技述评；针对专题研究和技术设计、应用过程中的具体技术问题进行归纳、概述和评论的为专题性科技述评。

  科技述评与科技综述类似，但二者还是有着本质的不同，二者的区别主要在于"评"和"述"——科技述评的重点在于"评"，通过情报资料为读者献计献策；科技综述的关键在于"述"，目的是给读者提供情报资料。可以说，科技述评是在科技综述的基础上融入作者观点的一种情报研究成果。

科技述评具有参考和指导作用。科技工作者可以通过科技述评确定科研方向、选择公关项目、落实研究步骤、建立研究方法。科技述评有助于生产技术人员了解国内外同类型产品的生产技术水平与技术经济指标，启发他们通过适当的技术途径和手法来改进生产。

6.7.1 格式写法

科技述评一般由标题、正文、附录三部分组成。

1. 标题

科技述评的标题没有既定格式，比较灵活，可以由课题名称和"述评"二字组成，如"××××课题述评"；也可以去掉"述评"二字，如"对×××发展的一些探讨"。

2. 正文

科技述评的正文主要由前言、主体、结尾三部分组成。

（1）前言。前言部分主要用来说明述评对象的基本情况、选择这个课题的目的和意义、该科技述评的撰写依据及作用。

（2）主体。主体部分主要包括发展史陈述、现状分析、预测、建议等内容。

①发展史陈述。这部分以时间为轴，陈述这个课题在不同发展阶段的情况，说明它在什么时候、什么条件下取得了哪些重要进展。

②现状分析。这部分主要介绍国内外在这个课题上的研究现状、取得的成果及需要解决的问题等。

③预测。这部分主要表达对未来事件的展望——一种立足于事实，运用推理、想象而进行的前瞻性判断。

④建议。这部分通过上述陈述、分析、预测，对需要采取的技术途径、发展步骤、实验方法等提出建设性意见。

（3）结尾。结尾部分主要用来概括正文内容，同时，也对正文的疏漏之处或未及之义做一些补充。

3. 附录

科技述评附录的写法与前文科技综述附录的写法类似，不过需要说明的是，科技述评的附录可以省略。

6.7.2　写作注意事项

在撰写科技述评时，要处理好"评"和"述"的关系，"评"处于主要地位，包括对课题研究状况的评价、展望、预测和建议；"述"只是概述，处于次要地位，是评论的铺垫，不强调面面俱到，要避免材料罗列。

6.7.3　范文模板

对中国科技发展的几点想法
杨振宁

中国已有的各体系内的研究工作，在物理学科内的，倾向于走两个极端：或者太注意原理的研究，或者太注意产品的研究（制造与改良）。介于这两种研究之间的发展性的研究（Development）似乎没有被注重。

从对社会的贡献这一着眼点来讲，原理的研究是一种长期的投资，也许三五十年或100年以后成果方能增强社会生产力（高能物理的研究是原理的研究的一个典型例子）；产品的研究是一种短期的投资，企图一两年或三五年内成果能增强社会生产力（像我了解的半导体所的研究，主要方向是产品的研究）。这两种研究当然都有其对社会的作用。发展性的研究则是一种中期的投资，希望5年、10年或20年内成果能增强社会生产力。这种投资我觉得是当前中国科技研究系统中十分脆弱的一个环节。

从研究的目标这一着眼点来讲，原理的研究的目标不考虑到应用；产品的研究的目标明确地对准一两种或两类产品；而发展性的研究的目标则介乎这两者之间，侧重在应用，可是不局限于一两类已经知道能成功生产的产品。

这三种研究的关系可以用下图大概显示出来：

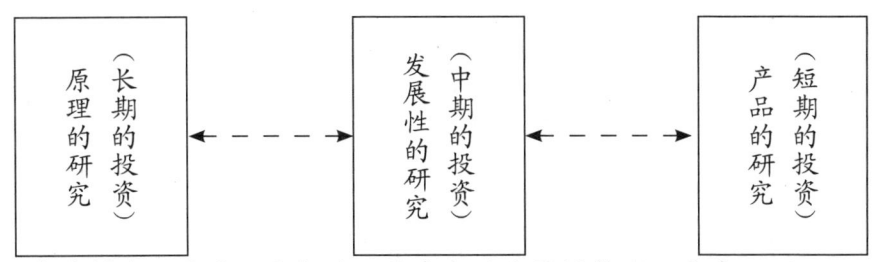

```
┌─────────────┐       ┌─────────────┐       ┌─────────────┐
│（长期的投资）│       │（中期的投资）│       │（短期的投资）│
│ 原理的研究  │◄─ ─ ─►│ 发展性的研究 │◄─ ─ ─►│ 产品的研究  │
└─────────────┘       └─────────────┘       └─────────────┘
```

我觉得中国需要一个新的、效率高的发展性物理研究中心（Research Centre for Developmental Physics）。很多在美国的中国血统的科研人员都同意这一个看法。

今天在美国，原理的研究（又称基本研究）和发展性的研究合称"研发"（Research and Development）（或R and D）。前者主要在大学和一些国立研究所内进行，后者则主要在大工厂附设的研究所中进行。

下面几个是最有名的厂设研究所（主要进行发展性的研究）：贝尔实验室；通用电器公司研究实验室；都庞实验室；万国计算机公司研究实验室；爱克桑研究实验室；等等。

这些研究所对美国工业发展的影响极大。而花在发展性的研究上的经费总额也十分巨大。据估计：

$$\frac{\text{美国全国发展性的研究经费总和}}{\text{美国全国原理的研究经费总和}} \approx \frac{10}{1}$$
（见国家科学基金委员会第一任主任A·T·Waterman在AAAS Publication中的文章"Symposium on Basic Research"。因为分子、分母的定义都不完全清楚，这个比例无法十分准确地被估计。）

这是一个十分值得注意、值得思考的数字：它显示了美国科研经费除用在产品的研究上面以外，绝大部分用在了发展性的研究上面。

原理的研究成果往往名气大，叫得响，而发展性的研究则被各工厂视为财富，不肯公开，所以在中国容易产生一个错误的印象，以为美国原理的研究经费比发展性的研究经费多得多。事实与此正好相反。

在18世纪美国已经有了茁壮的工业发展。可是当时美国对研究工作的重要性还没有认识，所以研究成果是从欧洲引进来的。到了20世纪初，美国几个大工厂开始认识到这种办法不行，才创建了厂设研究所。贝尔实验室、通用电器公司研究实验室和都庞实验室都是那几年创建的（见F·Seitz写的文章"Science，Government and the Universities"。Seitz是Handler以前的美国国家科学院院长）。这些研究所不但对美国20世纪的工业发展起了决定性的作用，更重要的是它们的成就使得美国工、商、金融界与美国政府认识到了发展性的研究的重要性。

至于对原理的研究的社会支持在美国只是这30年才开始的。这个历史发展的顺序——先实际后原理,先短、中期后长期——是由经济规律所决定的,绝对不是偶然的。

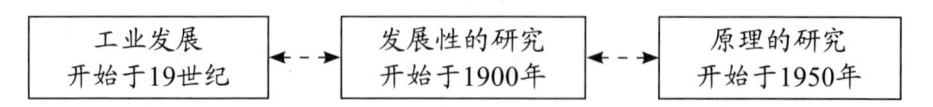

工业发展开始于19世纪 ←--→ 发展性的研究开始于1900年 ←--→ 原理的研究开始于1950年

同样的经济规律支配了日本的科技发展:日本近30年的工业起飞,基本上是建筑在发展性的研究和产品的研究的成果上的。原理的研究的经费在日本是少而又少的。

上面所提到的几个美国厂设研究所规模都是很大的。例如贝尔实验室今天就有1.2万名科学、工程人才,其中有3 000名是有博士学位的(相当于大学毕业后有5年以上研究经验的人才)。

中国如果建立一个发展性物理研究中心,规模应该有多大?应该关注哪些专题?应该与哪些工厂、研究所、大学合作?应该怎么训练研究人才?应该属于中国政府中的哪一个或几个部门(例如哪几个机械部)?应该设在什么地方?这些问题不是在海外的人所能贡献有效意见的,它们需要在国内召开小组会议,仔细研究,提出5年计划、10年计划才能据以决定。

是什么原因使得美国的厂设研究所能成功地做成发展性的研究?我觉得归纳起来有三个原因:

一、厂方深知这些发展性的研究是厂的5年、10年、15年以后的生命线,所以这些研究所经费充足,设备好,待遇一般比大学、政府机构都要好得多。

二、研究所的经费来自厂方,其研究成果的最后评价取决于它是不是能给厂方赚大钱,这种价值观念符合经济规律。

三、研究所的领导人(有科学、工程出身的,也有财经、法律出身的)积累了多年经验,对哪些题目能在5年、10年内影响厂的发展有较正确的判断。

(本文引自1982年3月5日《光明日报》)

6.8 科学广播稿

科学广播,是运用广播这一宣传工具,通过声音来传播科技知识、信息的一种有效方式。因此,科学广播稿是既要服从科技作品的写作要求,又要符合广播作品写作规律的一种应用文体。

6.8.1 格式写法

科学广播稿一般由标题、开场白、主体、结束语四部分组成。

1. 标题

科学广播稿的标题要根据听众和主题来确定,而且一定要通俗易懂,比如传播农业知识的广播稿,可以将它的标题拟定为"冬季碾麦的好处""稻谷的栽培技术"等,这样既言简意赅,又能引起听众的兴趣。

2. 开场白

开场白,即科学广播稿的开头语、导语,在开场时引入主题。开场白的最开始可以有一些问候性的语句,但它的主要作用是把主题介绍给听众,让听众明白制作者做这场节目的用意。

3. 主体

科学广播稿的主体部分承接开场白,阐述开场白所揭示的主题,或者回答开场白中提出的问题,然后要对材料事实做具体的叙述与展开。

科学广播稿的主体部分对结构和语言的要求很高。它的结构要特别严谨,线索要特别明晰,这样才便于听众记忆。

4. 结束语

结束语一般指科学广播稿的最后一句话或最后一段话,它依内容的需要,可有可无。如果需要结束语,那么在撰写时要不落俗套。

6.8.2 写作注意事项

科学广播稿一定要写得生动、有趣,使科学广播能够在一瞬间吸引听众的注意力。

在撰写科学广播稿时，要多用口语、少用书面语；多用双音词，少用或不用单音词；多用短句、单句，少用长句、复句；不用同音不同义的词；不用倒装句等。

科学广播稿要短小精悍。

6.8.3　范文模板

青春焕发的古老学科——声学

马大猷

说起声音，人人都知道它是什么。因为每天从早到晚，我们会听到说话声、汽车声、音乐声、机器的轰轰响声以及风声、雨声，等等。但是，关于声学是什么，以及它的原理和应用又是什么，能够做出确切回答的人就不多了。

声学是一门很古老的学科。回顾自然科学发展的历史，就可以知道，声学是人们最早研究的学科之一。比如音乐，它起源于还没有文学的时候。直到今天，我国的博物馆里还保存着商朝的石磬、西周的编钟和前汉的律管。那时候，人们不但研究了乐器的创造，还进行了基础研究，了解了音乐的规律。我国人民在战国以前，就总结出来了"三分损益法"，这是声学上的巨大成就。这个规律说：把管，也就是笛和箫的长度截去1/3，或者加上1/3，所发出来的声音听起来跟原来的声音很和谐。这就把客观现象和主观感觉联系了起来，成为人们研究心理声学的开始。人们还根据这个规律定出了乐器上的几个音的关系，这就是乐律，现在叫自然律，2000年来一直在应用。这说明声学是多么古老！

但是，在另一方面，声学又很年轻。今天，除原有的一些研究领域以外，它还进入了属于科学前沿的许多新的领域，像研究人的大脑活动等生命现象，研究物质的微观结构，研究整个地球以及天体等。

其实，自有历史以来，声学一直活跃在科学的前沿，这是由声学的性质所决定的。那什么是声学呢？声学是研究声音的产生、传播和接收的科学。我们知道，声音是由于物体振动产生的，它是物质机械振动产生的波，所以叫作声波。这里所说的声波，它的范围比我们平常所说的声音所包括的范围要广，除人的耳朵能听到的声音以外，还有人的耳朵听不到的频率很高的超声波、特超声波和频率很低的次声波。除真空里没有声波以外，凡是有物质的地方都有声波；同时，声波还能够同物质发生相互作用，所以，人们还可以利用声学方法来研究物质的性质，它同电磁学方法和粒子轰击的方法被称为研究物质性质的三个主要方法。

声学和其他学科一样，也要借助于仪器。直到19世纪末，人们研究声学的最好的仪器还只是人的耳朵，这是因为人的耳朵非常灵敏，能听到的最弱的声音，几乎相当于空气中分子运动所产生的声音，而能听到的最强的声音，比最弱的要强1万亿倍。人的耳朵能听到的频率范围也很广，从20赫到20 000赫，都能听到。但是，尽管人的耳朵这么巧妙，它的听力范围究竟是有限的。20世纪以来，由于电子管和以后晶体管集成电路的出现和发展，利用这些技术可以产生和接收任何频率、任何波形、任何大小声波，这就大大地扩大了声学的研究范围。

现在，声学进入了向整个地球和其他天体的研究方面发展的阶段。我们知道，在第一次世界大战期间，由于德国采取无限制的潜艇政策，曾经使得英国和美国海上航行受到极大的威胁。当时，法国的进步声学家郎之万为了探测潜水艇，研究了在水下高频率声波的反射，把声学研究领域扩展到了超声，并且创立了超声学和水声学。经过第二次世界大战，水声学有了很大的发展。在水下，光波、电磁波等都传得不远，只有声波可以传得很远。声呐就是人们利用超声波在海里"看东西"的很有效的水声设备。声呐的原理和雷达相同，只是用声波代替了电磁波罢了。人们把声呐比作水下"侦察员"，它可以在海水下侦察潜艇、冰山、水雷、鱼群和暗礁。利用声呐还可以测量海水的深度。例如，太平洋马利安纳岛附近的海槽是世界上海水最深的地方，有10 860米深，水的压力超过大气压的1 000倍，目前人类只能利用声呐来测量那里的情况。现在，人们正在研究如何利用反射的声信号，来识别反射体的性质，认出什么样的是敌人的潜艇，什么样的是自己或者友军的潜艇，什么样的是大鱼，等等。

声音不只是在水下能传得很远，在大气里，在地下，也都可以传得很远，但用的不只是超声，更多的是次声。次声指的是频率在20赫以下的声波。它可以传得很远。比如，1883年印度尼西亚的克拉克脱（喀拉喀脱）火山爆发时的次声，围着地球转了好几圈。次声传播的时候，能量损失得很少，这是它的特点。现在，已经可以收到几千公里以外的核爆炸或者导弹起飞发出的次声，可以收到几百公里以外的台风、海啸和其他气象变化发出的次声。近年来发现，地下的声波比地震学中所研究的范围要大得很多，它有更高的频率，也有更低的频率，所以，采用现代声学方法研究地震是很有前途的。像1960年的智利大地震引起的地球震动，最低频率是每小时振动一次。用声波分析的方法，还可以增加人们对固体地球的构造的认识。地震学、地声学及大气声学的方法还可以用到月球和其他行星、卫星的研究上。

声学发展的第二个方面是深入到物质结构的研究。声波是机械波，它可以进到物质里面，因此，可以用它来研究和改变物质的几何形状和性质。超声探伤就是一个例子。材料里的任何伤痕、缺陷都可以利用它对声波的反射探测出来，从精密零件到一二米粗的钢轴，或者几十米的岩石，都可以应用超声探伤，并且照出彩色的超声像来。另外，还可以用超声测量材料的密度、弹性、温度、流速和内耗等等。比如，测量原子反应堆的温度、石油管道内油的种类和流速、反应堆里化学反应速度以及上层大气温度等等，用其他方法都几乎是不可能的，但用声学方法却很简单。用超声照射植物种子，可以提早发芽，这对我国无霜期短的地方，实际意义很大。超声检测和处理技术也可以用在人体上，比如，检查人体内部器官的病变（包括癌变），观察心脏跳动或者胎儿活动的情况，以及治疗某些疾病等等。与X光相比，超声能产生不可比拟的效果，而且长期照射也对人无害。

比超声波频率更高的声波叫特超声，或者是微波超声，特超声的频率是5亿～10 000亿赫。有人用激光照射砷化镓晶体，产生了43万亿赫的特超声。这种特超声的波长和分子的大小差不多，因此可以用来研究分子、原子和电子的特性。用特超声还可以研究声波和电子、原子、光量子等的相互作用，研究接近绝对零度时的超导体和超流体等等。在所有这些情况中，声的作用和光在微观现象中的作用相似，具有量子性质。一个声的量子叫作声子，声子理论在物质微观性质的研究中发挥了很大作用，所以我们说，声学正在逐渐深入到微观世界。

可听声的研究也更加深入，进入了对生命现象的研究。大家知道，噪声公害是现代生活中的一件大事。噪声能影响人的工作和休息，危害人类的健康；它还能反映机器的质量和效率，因此，研究噪声的产生和控制，可以改进人类生活环境和工作环境，提高生产水平。音乐声学研究乐律，改进现有的或者创造新的乐器和电乐器，使音乐达到新的水平；建筑声学研究厅堂中语言和音乐传播质量问题，保证人们的政治活动和文化生活的需要；生物声学研究动物的发声器官和听觉，这是仿生学的重要部分。所有这些都使人们对大脑的活动做进一步的研究，并且也成为研究大脑活动的工具。比如，人想说一句话，大脑发出什么样的信息使人体的有关器官协同做出那样复杂的运动？声音到了内耳以后，怎样变成了神经脉冲和电信号？它们是一回事，还是两回事？声波很复杂，信息量很大，可是，神经系统的信号容量却有限，那怎么能传过去？信息到了大脑，大脑又如何分辨出语言、音乐和噪声，并且用什么处理方法加以识别？这些问题都很复杂，目前声学正在与有关学科协作，共同探索生命的奥秘。

（本文引自《广播科普佳作选》）

第7章 知识产权类文书

知识产权类文书是科技文书的一个重要组成部分。知识产权类文书的种类繁多，其中大部分都是具有统一格式的规范表格。

本章主要介绍专利请求书、说明书、权利要求书、说明书摘要、专利权无效宣告请求书等知识产权类文书。

7.1 专利请求书

专利是指科技工作者受国家专利法保护的发明创造。专利有三种类型，即发明专利、实用新型专利和外观设计专利。对产品、方法或者其改进所提出的新的技术方案，可以申请发明专利；对产品的形状、构造或者其结合所提出的适于实用的新的技术方案，可以申请实用新型专利；对产品的形状、图案或者其结合以及色彩与形状、图案的结合所做出的富有美感，并适于工业应用的新设计，可以申请外观设计专利。

无论哪一种专利，在申请前，专利申请人都要填写专利请求书。专利请求书是专利申请人为获得发明创造的专利权，在申请时所必须提交的技术文书。专利请求书是一种专利申请文件，它是专利申请文件中具有总领作用的核心文件，综合了专利申请的各方面情况。要想获得发明创造的专利权，就必须向国家知识产权局提交专利请求书，办理专利申请必备手续。

专利请求书可分为发明专利请求书、实用新型专利请求书、外观设计专利请求书，但不论哪种类型的专利请求书，均具有以下特点：

（1）新颖性。申请专利权的发明和实用新型必须没有在国内外出版物上公开发表过，或者在国内公开使用过，或者以其他方式为公众所知；申请专利权的外观设计必须与在国内外出版物上公开发表过或者国内公开使用过的外观设计不相同或不相似。这就保证了申请专利权的发明、实用新型、外观设计的新颖性，从而进一步保证了专利请求书的新颖性。

（2）说明性。专利请求书应当说明发明、实用新型或外观设计的名称、发明人或设计人及申请人的姓名、地址，以及其他事项。

（3）规范性。专利请求书是一种专利申请文件，是具有统一格式的规范表格。

7.1.1 格式写法

专利请求书是国家知识产权局统一制定的规范表格，申请人按照填表说明逐项填写表格即可。

7.1.2 写作注意事项

在填写专利请求书时，要确保只有具备新颖性、创造性、实用性的发明、实用新型或外观设计才能申请专利。

在填写专利请求书时，要突出其说明性的特点。其中，对申请专利权的发明或实用新型要做出清楚、完整的说明；对申请专利权的外观设计也要以说明为基本表达方式，并附上照片、图片。

要用规范、准确、简明、精练的语言填写专利请求书。

一件专利申请只能申请一项发明创造。如果某两项发明创造密切相关，且同属于一个总的发明或设计构思，那么它们可以作为一件申请提出。如果多项发明创造构成的总的发明创造不具有重复性，那么可以将其分解为多件申请提出。

7.1.3 范文模板

发明专利请求书

请按照"注意事项"正确填写本表各栏				此框内容由国家知识产权局填写
⑦发明名称				①申请号
				②分案提交日
⑧发明人	发明人1		□不公布姓名	③申请日
	发明人2		□不公布姓名	④费减审批
	发明人3		□不公布姓名	⑤向外申请审批
⑨第一发明人国籍或地区　　居民身份证件号码				⑥挂号号码
⑩申请人	申请人(1)	姓名或名称		申请人类型
		居民身份证件号码或统一社会信用代码/组织机构代码　□请求费减且已完成费减资格备案		电子邮箱
		国籍或注册国家（地区）　　　经常居所地或营业所所在地		
		邮政编码	电话	
		省、自治区、直辖市		
		市县		
		城区（乡）、街道、门牌号		
	申请人(2)	姓名或名称		申请人类型
		居民身份证件号码或统一社会信用代码/组织机构代码　□请求费减且已完成费减资格备案		电子邮箱
		国籍或注册国家（地区）　　　经常居所地或营业所所在地		
		邮政编码	电话	
		省、自治区、直辖市		
		市县		
		城区（乡）、街道、门牌号		
	申请人(3)	姓名或名称		申请人类型
		居民身份证件号码或统一社会信用代码/组织机构代码　□请求费减且已完成费减资格备案		电子邮箱
		国籍或注册国家（地区）　　　经常居所地或营业所所在地		
		邮政编码	电话	
		省、自治区、直辖市		
		市县		
		城区（乡）、街道、门牌号		

⑪ 联系人	姓名		电话		电子邮箱	
	邮政编码					
	省、自治区、直辖市					
	市县					
	城区（乡）、街道、门牌号					
⑫代表人为非第一署名申请人时声明			特声明第____署名申请人为代表人			
⑬ 专利代理机构	□声明已经与申请人签订了专利代理委托书且本表中的信息与委托书中相应信息一致					
	名称			机构代码		
	代理人(1)	姓名		代理人(2)	姓名	
		执业证号			执业证号	
		电话			电话	
⑭分案申请	原申请号		针对的分案申请号		原申请日 年 月 日	
⑮生物材料样品	□保藏单位代码		地址		是否存活	□是 □否
	□保藏日期 年 月 日		保藏编号		分类命名	
⑯序列表	□本专利申请涉及核苷酸或氨基酸序列表		⑰遗传资源	□本专利申请涉及的发明创造是依赖于遗传资源完成的		
⑱要求优先权声明	原受理机构名称	在先申请日	在先申请号	⑲不丧失新颖性宽限期声明	□已在中国政府主办或承认的国际展览会上首次展出 □已在规定的学术会议或技术会议上首次发表 □他人未经申请人同意而泄露其内容	
				⑳保密请求	□本专利申请可能涉及国家重大利益，请求按保密申请处理 □已提交保密证明材料	
㉑□声明本申请人对同样的发明创造在申请本发明专利的同日申请了实用新型专利				㉒提前公布	□请求早日公布该专利申请	
㉓摘要附图	指定说明书附图中的图____为摘要附图					

㉔申请文件清单			㉕附加文件清单		
请求书	份	页	□实质审查请求书	份 共	页
说明书摘要	份	页	□实质审查参考资料	份 共	页
权利要求书	份	页	□优先权转让证明	份 共	页
说明书	份	页	□优先权转让证明中文题录	份 共	页
说明书附图	份	页	□保密证明材料	份 共	页
核苷酸或氨基酸序列表	份	页	□专利代理委托书	份 共	页
计算机可读形式的序列表	份		总委托书备案编号（_____）		
			□在先申请文件副本	份	
权利要求的项数	项		□在先申请文件副本中文题录	份 共	页
			□生物材料样品保藏及存活证明		
				份 共	页
			□生物材料样品保藏及存活证明中文题录		
				份 共	页
			□向外国申请专利保密审查请求书		
				份 共	页
			□其他证明文件（注明文件名称）		
				份 共	页

㉖全体申请人或专利代理机构签字或者盖章	㉗国家知识产权局审核意见
年 月 日	年 月 日

附表：发明专利请求书外文信息表

发明名称		
发明人姓名	发明人1	
	发明人2	
	发明人3	
申请人名称及地址	申请人1	名称 地址
	申请人2	名称 地址
	申请人3	名称 地址

注意事项：

一、申请发明专利，应当提交发明专利请求书、权利要求书、说明书、说明书摘要，有附图的应当同时提交说明书附图，并指定其中一幅作为摘要附图。（表格可在国家知识产权局网站www.cnipa.gov.cn下载）

二、本表应当使用国家公布的中文简化汉字填写，表中文字应当打字或者印刷，字迹为黑色。外国人姓名、名称、地名无统一译文时，应当同时在请求书外文信息表中注明。

三、本表中方格供填表人选择使用，若有方格后所述内容的，应当在方格内做标记。

四、本表中所有详细地址栏，本国的地址应当包括省（自治区）、市（自治州）、区、街道门牌号码，或者省（自治区）、县（自治县）、镇（乡）、街道门牌号码，或者直辖市、区、街道门牌号码。有邮政信箱的，可以按规定使用邮政信箱。外国的地址应当注明国别、市（县、州），并附其外文详细地址。其中申请人、专利代理机构、联系人的详细地址应当符合邮件能够迅速、准确投递的要求。

五、填表说明

1. 本表第①、②、③、④、⑤、⑥、㉗栏由国家知识产权局填写。

2. 本表第⑦栏发明名称应当简短、准确，一般不得超过25个字。

3. 本表第⑧栏发明人应当是个人。发明人可以请求国家知识产权局不公布其姓名。

4. 本表第⑨栏应当填写第一发明人国籍，第一发明人为中国内地居民的，应当同时填写居民身份证件号码。

5. 本表第⑩栏申请人是个人的，应当填写本人真实姓名，不得使用笔名或者其他非正式姓名；申请人是单位的，应当填写单位正式全称，并与所使用公章上的单位名称一致。申请人是中国内地单位或者个人的，应当填写其名称或者姓名、地址、邮政编码、统一社会信用代码/组织机构代码或者居民身份证件号码；申请人是外国人、外国企业或者外国其他组织的，应当填写其姓名或者名称、国籍或者注册的国家或者地区、经常居所地或者营业所所在地。申请人类型可从下列类型中选择填写：个人，企业，事业单位，机关团体，大专院校，科研单位。申请人请求费用减缴且已完成费减资格备案的，应当在方格内做标记，并在本栏填写证件号码处填写费减备案时使用的证件号码。

6. 本表第⑪栏，申请人是单位且未委托专利代理机构的，应当填写联系人，并同时填写联系人的通信地址、邮政编码、电子邮箱和电话号码，联系人只能填写一人，且应当是本单位的工作人员。

7. 本表第⑫栏，申请人指定非第一署名申请人为代表人时，应当在此栏指明被确定的代表人。

8. 本表第⑬栏，申请人委托专利代理机构的，应当填写此栏。

9. 本表第⑭栏，申请是分案申请的，应当填写此栏。申请是再次分案申请的，还应当填写所针对的分案申请的申请号。

10. 本表第⑮栏，申请涉及生物材料的发明专利，应当填写此栏，并自申请日起四个月内提交生物材料样品保藏及存活证明，对于外国保藏单位出具的生物材料样品保藏及存活证明，还应同时提交生物材料样品保藏及存活证明中文题录。本栏分类命名应填写所保藏生物材料的中文分类名称及拉丁文分类名称。

11. 本表第⑯栏，发明申请涉及核苷酸或氨基酸序列表的，应当填写此栏。

12. 本表第⑰栏，发明创造的完成依赖于遗传资源的，应当填写此栏。

13. 本表第⑱栏，申请人要求优先权的，应当填写此栏。

14. 本表第⑲栏，申请人要求不丧失新颖性宽限期的，应当填写此栏，并自申请日起两个月内提交证明文件。

15. 本表第⑳栏，申请人要求保密处理的，应当填写此栏。

16. 本表第㉑栏，申请人同日对同样的发明创造既申请实用新型专利又申请发明专利的，应当填写此栏。未做出声明的，依照专利法第九条第一款关于同样的发明创造只能授予一项专利权的规定处理。（注：申请人应当在同日提交实用新型专利申请文件。）

17. 本表第㉒栏，申请人要求提前公布的，应当填写此栏。若填写此栏，不需要再单独提交发明专利请求提前公布声明。

18. 本表第㉓栏，申请人应当填写说明书附图中的一幅附图的图号。

19. 本表第㉔、㉕栏，申请人应当按实际提交的文件名称、份数、页数及权利要求的项数正确填写。

20. 本表第㉖栏，委托专利代理机构的，应当由专利代理机构加盖公章。未委托专利代理机构的，申请人为个人的应当由本人签字或者盖章，申请人为单位的应当加盖单位公章；有多个申请人的由全体申请人签字或者盖章。

21. 本表第⑧、⑩、⑮、⑱栏，发明人、申请人、生物材料样品保藏、要求优先权声明的内容填写不下时，应当使用规定格式的附页续写。

实用新型专利请求书

请按照"注意事项"正确填写本表各栏	此框内容由国家知识产权局填写
⑦ 实用新型名称	① 申请号　　　（实用新型）
	② 分案提交日
⑧ 发明人	③ 申请日
	④ 费减审批
	⑤ 向外申请审批
⑨ 第一发明人国籍　　居民身份证件号码	⑥ 挂号号码

		姓名或名称		申请人类型	
⑩申请人	申请人(1)	居民身份证件号码或统一社会信用代码/组织机构代码 □请求费减且已完成费减资格备案		电子邮箱	
		国籍或注册国家（地区）		经常居所地或营业所所在地	
		邮政编码	电话		
		省、自治区、直辖市			
		市县			
		城区（乡）、街道、门牌号			
	申请人(2)	姓名或名称		电话	
		居民身份证件号码或统一社会信用代码/组织机构代码 □请求费减且已完成费减资格备案			
		国籍或注册国家（地区）		经常居所地或营业所所在地	
		邮政编码	电话		
		省、自治区、直辖市			
		市县			
		城区（乡）、街道、门牌号			
	申请人(3)	姓名或名称		电话	
		居民身份证件号码或统一社会信用代码/组织机构代码 □请求费减且已完成费减资格备案			
		国籍或注册国家（地区）		经常居所地或营业所所在地	
		邮政编码	电话		
		省、自治区、直辖市			
		市县			
		城区（乡）、街道、门牌号			
⑪联系人	姓名		电话		电子邮箱
	邮政编码				
	省、自治区、直辖市				
	市县				
	城区（乡）、街道、门牌号				
⑫代表人为非第一署名申请人时声明　　　　　特声明第____署名申请人为代表人					

⑬ 专利代理机构	□声明已经与申请人签订了专利代理委托书且本表中的信息与委托书中相应信息一致			
^	名称			机构代码	
^	代理人(1)	姓名	代理人(2)	姓名
^	^	执业证号	^	执业证号
^	^	电话	^	电话

⑭ 分案申请	原申请号	针对的分案申请号	原申请日　　年　月　日

⑮ 要求优先权声明	原受理机构名称	在先申请日	在先申请号	⑯ 不丧失新颖性宽限期声明	□已在中国政府主办或承认的国际展览会上首次展出 □已在规定的学术会议或技术会议上首次发表 □他人未经申请人同意而泄露其内容
^				⑰ 保密请求	□本专利申请可能涉及国家重大利益，请求按保密申请处理 □已提交保密证明材料

⑱	□声明本申请人对同样的发明创造在申请本实用新型专利的同日申请了发明专利
⑲	指定说明书附图中的图＿＿＿为摘要附图

⑳申请文件清单			㉑附加文件清单		
请求书	份	页	□优先权转让证明	份 共	页
说明书摘要	份	页	□优先权转让证明中文题录	份 共	页
权利要求书	份	页	□保密证明材料	份 共	页
说明书	份	页	□专利代理委托书	份 共	页
说明书附图	份	页	总委托书备案编号（＿＿＿＿＿）		
			□在先申请文件副本	份	
权利要求的项数		项	□在先申请文件副本中文题录	份 共	页
			□向外国申请专利保密审查请求书		
				份 共	页
			□其他证明文件（名称＿＿＿＿）		
				份 共	页

㉒全体申请人或专利代理机构签字或者盖章	㉓国家知识产权局审核意见
年　月　日	年　月　日

附表：实用新型专利请求书英文信息表

实用新型名称	
发明人姓名	
申请人名称及地址	

注意事项：

一、申请实用新型专利，应当提交实用新型专利请求书、权利要求书、说明书、说明书附图、说明书摘要，并指定说明书附图中的一幅作为摘要附图。申请文件应当一式一份。（表格可在国家知识产权局网站www.cnipa.gov.cn下载）

二、本表应当使用国家公布的中文简化汉字填写，表中文字应当打字或者印刷，字迹为黑色。外国人姓名、名称、地名无统一译文时，应当同时在请求书英文信息表中注明。

三、本表中方格供填表人选择使用，若有方格后所述内容的，应当在方格内做标记。

四、本表中所有详细地址栏，本国的地址应当包括省（自治区）、市（自治州）、区、街道门牌号码，或省（自治区）、县（自治县）、镇（乡）、街道门牌号码，或者直辖市、区、街道门牌号码。有邮政信箱的，可以按规定使用邮政信箱。外国的地址应当注明国别、市（县、州），并附具外文详细地址。其中申请人、专利代理机构、联系人的详细地址应当符合邮件能够迅速、准确投递的要求。

五、填表说明

1. 本表第①、②、③、④、⑤、⑥、㉓栏由国家知识产权局填写。

2. 本表第⑦栏实用新型名称应当简短、准确，一般不得超过25个字。

3. 本表第⑧栏发明人应当是个人。发明人有两个以上的应当自左向右顺序填写。发明人姓名之间应当用分号隔开。发明人可以请求国家知识产权局不公布其姓名。若请求不公布姓名，应当在此栏所填写的相应发明人后面注明"（不公布姓名）"。

4. 本表第⑨栏应当填写第一发明人国籍，第一发明人为中国内地居民的，应当同时填写居民身份证件号码。

5. 本表第⑩栏申请人是中国单位或者个人的，应当填写其名称或者姓名、地址、邮政编码、统一社会信用代码/组织机构代码或者居民身份证件号码；申请人是外国人、外国企业或者外国其他组织的，应当填写其姓名或者名称、国籍或者注册的国家或者地区。申请人是个人的，应当填写本人真实姓名，不得使用笔名或者其他非正式的姓名；申请人是单位的，应当填写单位正式全称，并与所使用的公章上的单位名称一致。申请人请求费用减缴且已完成费减资格备案的，应当在方格内做标记，并在本栏填写证件号码处填写费减备案时使用的证件号码。

6. 本表第⑪栏，申请人是单位且未委托专利代理机构的，应当填写联系人，并同时填写联系人的通信地址、邮政编码、电子邮箱和电话号码，联系人只能填写一人，且应当是本单位的工作人员。申请人为个人且需由他人代收国家知识产权局所发信函的，也可以填写联系人。

7. 本表第⑫栏，申请人指定非第一署名申请人为代表人时，应当在此栏指明被确定的代表人。

8. 本表第⑬栏，申请人委托专利代理机构的，应当填写此栏。

9. 本表第⑭栏，申请是分案申请的，应当填写此栏。申请是再次分案申请的，还应当填写所针对的分案申请的申请号。

10. 本表第⑮栏，申请人要求外国或者本国优先权的，应当填写此栏。

11. 本表第⑯栏，申请人要求不丧失新颖性宽限期的，应当填写此栏，并自申请日起两个月内提交证明文件。

12. 本表第⑰栏，申请人要求保密处理的，应当填写此栏。

13. 本表第⑱栏，申请人同日对同样的发明创造既申请实用新型专利又申请发明专利的，应当填写此栏。未做出声明的，依照专利法第九条第一款关于同样的发明创造只能授予一项专利权的规定处理。（注：申请人应当在同日提交发明专利申请文件。）

14. 本表第⑲栏，申请人应当填写说明书附图中的一幅附图的图号。

15. 本表第⑳、㉑栏，申请人应当按实际提交的文件名称、份数、页数及权利要求的项数正确填写。

16. 本表第㉒栏，委托专利代理机构的，应当由专利代理机构加盖公章。未委托专利代理机构的，申请人为个人的应当由本人签字或者盖章，申请人为单位的，应当加盖单位公章；有多个申请人的由全体申请人签字或者盖章。

17. 本表第⑧、⑩、⑮栏，发明人、申请人、要求优先权声明的内容填写不下时，应当使用规定格式的附页续写。

外观设计专利请求书

请按照"注意事项"正确填写本表各栏			此框内容由国家知识产权局填写
⑥使用外观设计的产品名称			①申请号　　（外观设计）
^^^			②分案提交日
⑦设计人			③申请日
^^^			④费减审批
⑧第一设计人国籍　　居民身份证件号码			⑤挂号号码
⑨申请人	申请人(1)	姓名或名称	电话
^^^	^^^	居民身份证件号码或统一社会信用代码/组织机构代码 □请求费减且已完成费减资格备案	电子邮箱
^^^	^^^	国籍或注册国家（地区）　　经常居所地或营业所所在地	
^^^	^^^	邮政编码	详细地址

⑨ 申请人	申请人(2)	姓名或名称		电话	
		居民身份证件号码或统一社会信用代码/组织机构代码 □请求费减且已完成费减资格备案			
		国籍或注册国家（地区）		经常居所地或营业所所在地	
		邮政编码		详细地址	
	申请人(3)	姓名或名称		电话	
		居民身份证件号码或统一社会信用代码/组织机构代码 □请求费减且已完成费减资格备案			
		国籍或注册国家（地区）		经常居所地或营业所所在地	
		邮政编码		详细地址	
⑩ 联系人	姓名		电话		电子邮箱
	邮政编码		详细地址		
⑪代表人为非第一署名申请人时声明			特声明第____署名申请人为代表人		
⑫ 专利代理机构	名称			机构代码	
	代理人(1)	姓名		代理人(2)	姓名
		执业证号			执业证号
		电话			电话
⑬ 分案申请	原申请号		针对的分案申请号		原申请日　年　月　日
⑭ 要求外国优先权声明	原受理机构名称	在先申请日	在先申请号	⑮ 不丧失新颖性宽限期声明	□已在中国政府主办或承认的国际展览会上首次展出 □已在规定的学术会议或技术会议上首次发表 □他人未经申请人同意而泄露其内容

⑯ 相似设计	☐本案为同一产品的相似外观设计，其所包含的项数为＿＿项。
⑰ 成套产品	☐本案为成套产品的多项外观设计，其所包含的项数为＿＿项。
⑱ 延迟审查	☐请求对本申请延迟审查，延迟期限为1年。 ☐请求对本申请延迟审查，延迟期限为2年。 ☐请求对本申请延迟审查，延迟期限为3年。
⑲申请文件清单 请求书　　　　　　　　　份　　页 图片或照片　　　　　　　份　　页 简要说明　　　　　　　　份　　页 图片或照片　　　　　　　幅	⑳附加文件清单 ☐优先权转让证明　　　　份　共　页 ☐专利代理委托书　　　　份　共　页 　总委托书（编号＿＿＿＿） ☐在先申请文件副本　　　份 ☐在先申请文件副本首页译文　份 ☐其他证明文件（名称＿＿＿＿） 　　　　　　　　　　　　份　共　页
㉑全体申请人或专利代理机构签字或者盖章 　　　　年　月　日	㉒国家知识产权局审核意见 　　　　年　月　日

附表：外观设计专利请求书英文信息表

使用外观设计的产品名称	
设计人姓名	
申请人名称及地址	

注意事项：

一、申请外观设计专利，应当提交外观设计专利请求书、外观设计图片或照片，以及外观设计简要说明。（表格可在国家知识产权局网站www.cnipa.gov.cn下载）

二、本表应当使用国家公布的中文简化汉字填写，表中文字应当打字或者印刷，字迹为黑色。外国人姓名、名称、地名无统一译文时，应当同时在请求书英文信息表中注明。

三、本表中方格供填表人选择使用，若有方格后所述内容的，应当在方格内做标记。

四、本表中所有详细地址栏，本国的地址应当包括省（自治区）、市（自治州）、区、街道门牌号码，或者省（自治区）、县（自治县）、镇（乡）、街道门牌号码，或者直辖市、区、街道门牌号码。有邮政信箱的，可以按规定使用邮政信箱。外国的地址应当注明国别、市（县、州），并附具外文详细地址。其中申请人、专利代理机构、联系人的详细地址应当符合邮件能够迅速、准确投递的要求。

五、填表说明

1. 本表第①、②、③、④、⑤、㉒栏由国家知识产权局填写。

2. 本表第⑥栏使用外观设计的产品名称应当与外观设计图片或者照片中表示的外观设计相符合，准确、简明地表明要求保护的产品的外观设计。产品名称一般应当符合国际外观设计分类表中小类列举的名称。产品名称一般不得超过20个字。

3. 本表第⑦栏设计人应当是个人。设计人有两个以上的应当自左向右顺序填写。设计人姓名之间应当用分号隔开。设计人可以请求国家知识产权局不公布其姓名。若请求不公布姓名，应当在此栏所填写的相应设计人后面注明"（不公布姓名）"。

4. 本表第⑧栏应当填写第一设计人国籍，第一设计人为中国内地居民的，应当同时填写居民身份证件号码。

5. 本表第⑨栏申请人是个人的，应当填写本人真实姓名，不得使用笔名或者其他非正式的姓名；申请人是单位的，应当填写单位正式全称，并与所使用的公章上的单位名称一致。申请人是中国单位或者个人的，应当填写其名称或者姓名、地址、邮政编码、统一社会信用代码/组织机构代码或者居民身份证件号码；申请人是外国人、外国企业或者外国其他组织的，应当填写其姓名或者名称、国籍或者注册的国家或者地区、经常居所地或者营业所所在地。申请人请求费用减缴且已完成费减资格备案的，应当在方格内做标记，并在本栏填写证件号码处填写费减备案时使用的证件号码。

6. 本表第⑩栏，申请人是单位且未委托专利代理机构的，应当填写联系人，并同时填写联系人的通信地址、邮政编码、电子邮箱和电话号码，联系人只能填写一人，且应当是本单位的工作人员。申请人为个人且需由他人代收国家知识产权局所发信函的，也可以填写联系人。

7. 本表第⑪栏，申请人指定非第一署名申请人为代表人时，应当在此栏指明被确定的代表人。

8. 本表第⑫栏，申请人委托专利代理机构的，应当填写此栏。

9. 本表第⑬栏，申请是分案申请的，应当填写此栏。申请是再次分案申请的，还应当填写所针对的分案申请的申请号。

10. 本表第⑭栏，申请人要求外国优先权的，应当填写此栏。

11. 本表第⑮栏，申请人要求不丧失新颖性宽限期的，应当填写此栏，自申请日起两个月内提交证明文件。

12. 本表第⑯栏，同一产品两项以上的相似外观设计，作为一件申请提出时，申请人应当填写相关信息。一件外观设计专利申请中的相似外观设计不得超过10项。

13. 本表第⑰栏，用于同一类别并且成套出售或者使用的产品的两项以上外观设计，作为一件申请提出时，申请人应当填写相关信息。成套产品外观设计专利申请中不应包含某一件或者几件产品的相似外观设计。

14. 本表第⑱栏，申请人请求延迟审查的，应当填写此栏。请注意，延迟审查请求只能选择一项，在提出延迟审查请求后，申请人不得更改延迟期限或撤销延迟审查请求。

15. 本表第⑲、⑳栏，申请人应当按实际提交的文件名称、份数、页数及图片或照片幅数正确填写。

16. 本表第㉑栏，委托专利代理机构的，应当由专利代理机构加盖公章。未委托专利代理机构的，申请人为个人的应当由本人签字或盖章，申请人为单位的应当加盖单位公章；有多个申请人的由全体申请人签字或者盖章。

17. 本表第⑦、⑨、⑭栏，设计人、申请人、要求外国优先权声明的内容填写不下时，应当使用规定格式的附页续写。

7.2 说明书

说明书是对专利内容进行清楚、完整、详细的说明，提交专利机构审核、鉴定的书面材料。说明书是一种常见的科技类文书，是阐述发明或实用新型技术实质的文件，是发明创造的详细说明。

在申请专利时，说明书是必需的文件之一，可以说，其内容的好坏直接关乎专利申请的效果。另外，说明书还是申请人向社会公布其发明创造的重要法律文件。

7.2.1 格式写法

说明书一般由名称、正文两部分组成。

1. 名称

在说明书首页正文上方左右居中、与正文之间空一行的位置可以写上发明或实用新型的名称。发明或实用新型的名称应简单明了地表明发明专利或实用新型专利请求保护的主题,需要说明的是,名称前面不得冠以"发明名称""实用新型名称""名称"等字样。

另外,在名称中,要避免出现非技术性词语,不得使用商标、型号、人名、地名等。说明书中的发明或实用新型的名称需与专利请求书中的名称一致。

2. 正文

说明书的正文由技术领域、背景技术、发明内容、附图说明、具体实施方式五部分组成。

(1) 技术领域。这部分应写明要求保护的技术方案归属的技术领域。

(2) 背景技术。这部分应写明对发明或实用新型的理解、检索、审查有用的背景技术,并且尽可能引证反映这些背景技术的文件。此外,在说明书背景技术部分中还应实事求是地指出背景技术中存在的问题和缺点,但只限于由发明或实用新型的技术方案所解决的问题和缺点。

(3) 发明内容。这部分是说明书的核心部分,包括发明或实用新型所要解决的技术问题、所采用的技术方案和所获得的有益效果三个部分。通常情况下,这部分的行文逻辑是这样的:首先写明发明或实用新型所要解决的技术问题,也就是发明的目的;接着进一步阐明为解决上述技术问题所采用的技术方案,使所属技术领域的技术人员能够理解该技术方案,并能用该方案解决所提出的技术问题;最后说明该发明或实用新型与背景技术相比所获得的有益效果。

①技术问题。这部分的内容主要是,针对现有技术中存在的缺陷或不足,用简洁、清晰的语言说明发明或实用新型所要解决的技术问题。

②技术方案。技术方案是指申请人对其要解决的技术问题所采取的技术措施的集合。这部分应准确、完整地说明发明或实用新型是怎样解决技术问题的,为此,也可以阐述一下其依据的科学原理。在撰写技术方案时,如果发明或实用新型是机械产品,那么要说明各个零部件与整体结构之间的关系;如果发明或实用新型是机电产品,那么要说明电路与机械部分是如何结合的;如果发明或实用新型是集成电路产品,那么要准确地描述相关配件的型号、功能等。

③有益效果。有益效果是由构成发明或实用新型的技术特征直接带来的或产生的必然的技术效果。通常情况下,有益效果可以由产率、质量、精度

和效率的提高，能耗、原材料、工序的节省，加工、操作、控制、使用的简便，环境污染的治理或根治，以及有用性能的出现等方面反映出来。在撰写这部分内容时，应对有益效果进行具体分析，不能只给出结论，可以通过对发明或实用新型的结构特点、作用关系进行分析的方式，或者通过理论说明的方式，或者通过列出实验数据的方式（要公开实验方法）对有益效果予以说明。

（4）附图说明。附图说明的作用在于用图形补充说明书文字部分的描述，使人能直观地、形象化地理解发明或实用新型的每个技术特征和整体技术方案。

（5）具体实施方式。这部分可结合附图、例子对发明或实用新型的具体实施方式做进一步详细的说明。对发明或实用新型来说，不同的实施方式是指那些有同一构思，但结构不同的实施方式。

通常情况下，申请人需严格按照上述顺序来撰写说明书，并在各个部分的前面写上小标题。用词要规范，语句要通顺，描述要准确，不得在内容中掺杂商业性宣传用语。

7.2.2 写作注意事项

说明书应清楚、完整地写明发明或实用新型的内容，使所属技术领域的普通技术人员能够根据此内容实施发明创造。

在撰写说明书时，要保持用词的一致性，要使用该技术领域通用的名词和术语。

7.2.3 范文模板

一种可任意翻转的易擦窗

一、技术领域

本实用新型涉及××××，具体说是一种可任意翻转的易擦窗。

二、背景技术

现在的房屋多用平开窗和推拉窗，这样的窗有个很大的缺点就是外面的玻璃不好擦，特别是高楼，更不容易擦，还有安全问题。……所以，人们生活中很需要一种方便的易擦窗。

三、发明内容

本实用新型的目的是提供一种可任意翻转的易擦窗。

…………

本实用新型实用性强，窗子不仅能任意调整角度，还能很方便地擦干净外侧的玻璃，给人们生活带来洁净的环境。

四、附图说明

…………

五、具体实施方式

…………

7.3　权利要求书

申请发明专利或实用新型专利时应当提交权利要求书。权利要求书以说明书为依据，说明发明或实用新型的技术特征，清楚、简要地限定要求专利保护的范围，并在一定条件下提出一项或几项独立的专利权项。

权利要求书应当有独立权利要求，也可以有从属权利要求。一份权利要求书中应当至少包括一项独立权利要求，还可以包括从属权利要求。独立权利要求应当从整体上反映发明或实用新型的技术方案，记载解决技术问题的必要技术特征；从属权利要求应当用附加的技术特征对引用的权利要求做进一步限定。权利要求书中有几项权利要求的，应当用阿拉伯数字顺序编号。

当申请人取得专利权后，权利要求书便成为确定该发明或实用新型专利权范围的直接依据，同时，也成为判断他人是否构成专利侵权的重要依据。在申请人取得专利权后，若他人未经专利权人许可，在其实施的技术方案中，包括了权利要求记载的全部技术特征，或者与这些技术特征等同的技术特征，即落入了专利权的保护范围，从而构成了专利侵权。

7.3.1 格式写法

权利要求书一般由标题、文本两部分组成。

1. 标题

标题写"权利要求书"几个字即可。

2. 文本

权利要求书的文本部分包括独立权利要求和从属权利要求。

(1) 独立权利要求。独立权利要求应当包括前序部分和特征部分。前序部分写明要求保护的发明或实用新型技术方案的主题名称,以及发明或实用新型主题与最接近的现有技术共有的必要技术特征;特征部分写明发明或实用新型区别于最近的现有技术的技术特征。这两部分写明的特征合在一起,限定发明或实用新型要求保护的范围。独立权利要求一般写在权利请求书第一页。

独立权利要求分两部分撰写的目的是,使公众更清楚地看出独立权利要求的全部技术特征中,哪些是发明或实用新型主题与最接近的现有技术所共有的技术特征,哪些是发明或实用新型区别于最接近的现有技术的特征。

(2) 从属权利要求。从属权利要求应当包括引用部分和限定部分。引用部分写明引用的权利要求的编号及主题名称;限定部分写明发明或实用新型附加的技术特征。由此可知,从属权利要求的引用部分应当写明引用的权利要求的编号,其后应当重述引用的权利要求的主题名称。例如,一项从属权利要求的引用部分应当写成:"根据权利要求1所述的金属纤维拉拔装置,……"

从属权利要求只能引用在前的权利要求。多项从属权利要求是指引用两项以上权利要求的从属权利要求。多项从属权利要求的引用方式,包括引用在前的独立权利要求和从属权利要求,以及引用在前的几项从属权利要求。当从属权利要求是多项从属权利要求时,其引用的权利要求的编号应当用"或"或者其他与"或"同义的择一引用方式表达。引用两项以上权利要求的多项从属权利要求只能以择一方式引用在前的权利要求,并不得作为另一项多项从属权利要求的引用基础,即在后的多项从属权利要求不得引用在前的多项从属权利要求。

从属权利要求的限定部分可以对在前的权利要求(独立权利要求或者从

属权利要求）中的技术特征进行限定。在前的独立权利要求采用两部分撰写方式的，其后的从属权利要求不仅可以进一步限定该独立权利要求特征部分中的技术特征，也可以进一步限定前序部分中的技术特征。

直接或间接从属于某一项独立权利要求的所有从属权利要求，都应当写在该独立权利要求之后，另一项独立权利要求之前。

7.3.2 写作注意事项

在撰写权利要求书时，应严格按照规定的格式和顺序撰写，提出的要求不能超出专利请求书所叙述的内容和范围。当一项发明或实用新型只有一项独立权利要求时，要先写独立权利要求，再写从属权利要求。

在撰写权利要求书时，要清楚地说明每项权利要求，以及明确专利权的保护范围。保护范围要恰当，不能过宽或过窄：保护范围过宽，将被驳回，贻误时机；保护范围过窄，又会蒙受不必要的损失。

权利要求书中的文字表达要严密、准确，语言要简洁、规范。不要使用商业性宣传用语；使用的名词、术语应与专利请求书、说明书中所使用的相对应；要使用国家规定的、确定的技术用语，避免使用模糊用语，如"大约""很宽范围""例如""最好是""尤其是""必要时"等类似用语。

权利要求书中可以有化学式或数学式，但不应有插图，也不得使用"如说明书……部分所述"或者"如图……所示"等用语。

7.3.3 范文模板

权利要求书

1. 一种洗衣机的双向洗涤方法，其特征在于，……

2. 根据权利要求1所述的方法，其特征在于，……

3. 一种用于实现权利要求1所述方法的洗衣机，包括内桶、内桶轴、搅拌器、搅拌器轴等，其特征在于，……

4. 根据权利要求3所述的洗衣机，其特征在于，……

5. 根据权利要求3所述的洗衣机，其特征在于，……

6. 根据权利要求3或4或5所述的洗衣机，其特征在于，……
7. 根据权利要求3或4或5所述的洗衣机，其特征在于，……
8. 根据权利要求3或4或5所述的洗衣机，其特征在于，……
9. 根据权利要求3所述的洗衣机，其特征在于，……
10. 根据权利要求3所述的洗衣机，其特征在于，……

7.4 说明书摘要

申请发明专利或实用新型专利时应当提交说明书摘要。说明书摘要是说明书内容的概述。它也是一种专利申请文件，主要供审批机关发布公告时参考。

说明书摘要是一种专利申请文件，不具有法律效力，不能作为修改说明书或权利要求书的根据，也不能用于解释专利权的保护范围。说明书摘要的主要作用是为专利信息的检索提供方便途径，使科技工作者看过后能确定是否需要进一步查阅专利文献的全文。

7.4.1 格式写法

说明书摘要一般由摘要文字和摘要附图组成。

（1）摘要文字。这部分的内容一般包括：发明或实用新型的名称；发明或实用新型所属技术领域；发明或实用新型需要解决的技术问题，以及解决该问题的技术方案的要点；发明或实用新型的用途；等等。

（2）摘要附图。说明书有附图的，申请人应提交一幅能说明发明或实用新型技术方案主要技术特征的附图作为摘要附图。摘要附图应是说明书附图中的一幅。

摘要中可以包含最能说明发明的化学式，该化学式可被视为摘要附图。

7.4.2 写作注意事项

说明书摘要中的附图需要另外用和说明书摘要用纸同样大小的白纸绘制。

在撰写说明书摘要时，文字表达要严谨，语言要简洁、准确、规范，使人能快速、准确地把握其所说明的内容。

7.4.3 范文模板

一种××××的USB闪存盘，所述的闪存盘的主体的两端上分别设有两个不同规格的USB插头，分别为第一插头（1）和第二插头（2），其中，第一插头（1）是××××，第二插头（2）是××××。本实用新型的USB闪存盘同时设有两个不同的USB插头，可以分别应用于××××，特别适合×××时，作为××××过渡期内，解决××××问题。

摘要附图：（略）

7.5 专利权无效宣告请求书

专利权无效宣告请求书，是指单位或者个人依照相关法律向专利复审委员会提出请求宣告某项专利权无效的专用文书。

什么是专利权无效宣告？《中华人民共和国专利法》对其有明确的规定："自国务院专利行政部门公告授予专利权之日起，任何单位或者个人认为该专利的授予不符合本法有关规定的，可以请求专利复审委员会宣告该专利权无效。"

专利权无效宣告的一个主要目的在于，对专利权授予中出现的失误进行及时纠正，以保证所授专利权的质量，并对其他发明创造人的利益予以保护，另外，还有助于对专利授权行为进行社会监督。

7.5.1 格式写法

专利权无效宣告请求书是国家知识产权局统一制定的规范表格，请求人按照填表说明逐项填写表格即可。

7.5.2 写作注意事项

填写专利权无效宣告请求书的关键在于请求的理由。通常情况下，请求人应基于某些理由，才可以向专利复审委员会提出宣告专利权无效的请求，专利复审委员会依此做出相关的裁定。也就是说，这些理由，不但是请求人提出宣告专利权无效请求的理由，同时也是专利复审委员会宣告专利权无效的理由。所以，在填写专利权无效宣告请求书时，一定要把理由讲清楚。一般来说，可以从以下几点寻找理由：

（1）授予专利权的发明或实用新型是否具备新颖性、创造性和实用性，外观设计是否具有新颖性、美观性？

（2）专利权人的专利申请条件是否符合规定？专利申请条件不符合规定的情况通常包括：专利申请条件不符合法律规定，不能充分显示发明创造的技术特征；权利要求书与说明书不相符合；对发明或实用新型专利申请文件的修改超出了原说明书和权利要求书记载的范围；等等。

（3）授予专利权的发明是否是专利法意义上的发明？或者该发明使用的术语是否违反国家法律、社会公德？或者该发明是否是妨碍社会公共利益的发明？

7.5.3 范文模板

专利权无效宣告请求书

请按照"注意事项"正确填写本表各栏	此框内容由国家知识产权局填写
专利号　　　　授权公告日	①案件编号
②专利	发明创造名称
	专利权人

③ 无效宣告请求人	姓名或名称		电话	
	居民身份证件号码或统一社会信用代码/组织机构代码			
	电子邮箱			
	国籍或注册国家（地区）		经常居所地或营业所所在地	
	邮政编码	详细地址		
④ 收件人	姓名	电话		电子邮箱
	邮政编码	详细地址		
⑤ 专利代理机构	名称		机构代码	
	代理人（1）	姓名	代理人（2）	姓名
		执业证号		执业证号
		电话		电话

⑥根据专利法第四十五条及专利法实施细则第六十五条的规定，对上述专利权提出无效宣告请求。

⑦无效宣告请求的理由、范围及所依据的证据

理由	范围	依据的证据
专利法第　　条第　　款 实施细则第　　条第　　款	权利要求	
专利法第　　条第　　款 实施细则第　　条第　　款	权利要求	
专利法第　　条第　　款 实施细则第　　条第　　款	权利要求	
专利法第　　条第　　款 实施细则第　　条第　　款		

⑧结合证据对无效宣告请求理由的具体陈述意见

⑨附件清单	
文件名称	份数及页数
□附件1	份，每份 页
□附件2	份，每份 页
□附件3	份，每份 页
□附件4	份，每份 页
□附件5	份，每份 页
□附件6	份，每份 页
□附件7	份，每份 页
□附件8	份，每份 页
□附件9	份，每份 页
⑩无效宣告请求人或专利代理机构签字或者盖章 年 月 日	⑪国家知识产权局处理意见 年 月 日

注意事项:

一、本表应当使用中文准确填写,文字应当打字或印刷,字迹为黑色,提交一式两份。

二、本表第①栏由国家知识产权局填写。

三、本表第③栏多个请求人共同提出一项无效宣告请求的,无效宣告请求不予受理,但属于所有专利权人针对其共有的专利权提出的除外。无效宣告请求人是单位的,应当填写单位正式全称,并与所使用的公章上的单位名称一致,同时填写组织机构代码、注册国家(地区)和营业所所在地和地址;无效宣告请求人是个人的,应当填写本人真实姓名、居民身份证件号码、国籍、经常居所地和地址。

四、未委托专利代理机构的,由指定的收件人代替请求人接收国家知识产权局所发信函,无效宣告请求人是单位且没有委托专利代理机构的,应当在本表第④栏填写收件人,其他情形下可以不填写收件人,收件人只能填写一人,填写收件人的,还需要同时填写收件人的通信地址、邮政编码和电话号码;请求书中未指明收件人的,无效宣告请求人为收件人。

五、本表第⑤栏,应当填写经由国家知识产权局批准并在工商行政管理机关注册的专利代理机构名称并注明机构代码,专利代理机构指定的专利代理人不得超过两人,并注明专利代理人执业证号。

六、根据专利法实施细则第六十五条的规定,应当在本表第⑧栏,结合提交的所有证据具体说明无效宣告请求的理由,并指明每项理由所依据的证据。请求人提交多篇对比文件的,应当指明与请求宣告无效的专利最接近的对比文件以及单独对比还是结合对比的对比方式,具体描述涉案专利和对比文件的技术方案,并进行比较分析。如果是结合对比,存在两种或者两种以上结合方式的,应当指明具体结合方式。对于不同的独立权利要求,可以分别指明最接近的对比文件。

七、本表第⑦、⑧、⑨栏填写不下时,应当使用A4纸作为附页续写。

八、本表第⑨栏应当写明附具证明文件的名称、份数、页数、原件或复印件。证明文件为专利文献的,在文件名称一项应当注明专利号或申请号。证明文件为非专利文献的,应当注明文献的名称、出版日期。有证明人的应当写明证明人的姓名、身份证号、职业、工作单位和地址。

九、本表第⑩栏,委托专利代理机构的,应当由专利代理机构加盖公章,未委托专利代理机构的,无效宣告请求人为个人的应当由本人签字或盖章;无效宣告请求人是单位的应当加盖单位公章。

十、根据专利法实施细则第九十九条第三款的规定,无效宣告请求人应当自提出请求之日起1个月内,缴纳无效宣告请求费。期满未缴纳或者未缴足的,视为未提出无效宣告请求。

十一、费用可以通过网上缴费、邮局或银行汇款缴纳,也可以到国家知识产权局或代办处面缴。

网上缴费:电子申请注册用户可登录http://cponline.cnipa.gov.cn,并按照相关要求使用网上缴费系统缴纳。

邮局汇款：收款人姓名：国家知识产权局专利局收费处，商户客户号：110000860。

银行汇款：开户银行：中信银行北京知春路支行，户名：国家知识产权局专利局，账号：7111710182600166032。

汇款时应当准确写明申请号、费用名称（或简称）及分项金额。未写明申请号和费用名称（或简称）的视为未办理缴费手续。了解更多详细信息及要求，请登录http://www.cnipa.gov.cn查询。

十二、如需要对几项专利权提出无效宣告请求的，应当分别提出并缴纳有关的费用。